世界文化
鉴赏系列

世界名表鉴赏

（珍藏版）

《深度文化》编委会◎编著

清華大學出版社
北 京

内容简介

本书是一本讲解钟表鉴赏知识的科普图书。本书不仅讲解了不同钟表品牌的历史和背后故事，还详细探讨了钟表的外观设计、机芯技术、复杂功能以及它们在钟表文化和艺术中的地位，并详细介绍了自20世纪以来各大钟表品牌推出的170余款名表。通过丰富的图片和专业的解说，读者可以对这些精密机器有一个全面的认识，从而增加对钟表艺术的鉴赏能力。

本书适合广大腕表爱好者、奢侈品消费者、收藏家、鉴定专家以及对精密仪器感兴趣的读者阅读，也可以作为想要深入了解世界腕表技术的专业人士和对腕表设计、制作感兴趣但缺乏专业知识的读者阅读，还可以作为各大院校钟表设计类、维修类专业师生的辅助教材或参考用书。

图书在版编目(CIP)数据

世界名表鉴赏：珍藏版 /《深度文化》编委会编著 .
北京：清华大学出版社，2024. 9. --（世界文化鉴赏
系列）. -- ISBN 978-7-302-67006-3
Ⅰ. TH714.5
中国国家版本馆 CIP 数据核字第 202494KC96 号

责任编辑： 李玉萍
封面设计： 王晓武
责任校对： 张彦彬
责任印制： 宋 林

出版发行： 清华大学出版社
网 址： https://www.tup.com.cn, https://www.wqxuetang.com
地 址： 北京清华大学学研大厦A座 **邮 编：** 100084
社 总 机： 010-83470000 **邮 购：** 010-62786544
投稿与读者服务： 010-62776969, c-service@tup.tsinghua.edu.cn
质 量 反 馈： 010-62772015, zhiliang@tup.tsinghua.edu.cn
印 装 者： 涿州汇美亿浓印刷有限公司
经 销： 全国新华书店
开 本： 146mm×210mm **印 张：** 9.375 **字 数：** 360千字
版 次： 2024年9月第1版 **印 次：** 2024年9月第1次印刷
定 价： 59.80元

产品编号：102926-01

前　言

在人类文明的历史长河中，人们一直在探索如何精确地测量时间，以便更好地组织生活、工作和社会活动。随着科技的不断进步，人们发明了各种各样的计时器和钟表，其中不乏一些名表，它们以卓越的精准性、美丽的外观和珍贵的历史价值，成为人类文明的重要组成部分。

名表，作为一种集科技、工艺、艺术于一身的物品，一直以来都备受人们的热爱和追捧。它们不仅是一种计时工具，而且是一种身份和品位的象征，是时尚和奢华的代名词。名表以其高超的技术和精湛的工艺，打造出一个个经典的时代符号，留下了不可磨灭的历史印记。

了解世界名表，有助于我们更好地理解和欣赏钟表的工艺和设计，掌握钟表的使用和维护方法。同时，钟表也是人类智慧的结晶，深入了解钟表的历史、文化和科技背景，可以帮助我们更好地理解人类文明的发展历程。

本书是一本介绍世界名表的科普图书。全书共分为 6 章，第 1 章详细介绍了钟表的历史、分类、结构、复杂功能以及世界著名制表商等知识，第 2 ～ 6 章分别介绍了手动机械腕表、自动机械腕表、石英腕表、智能腕表、怀表中的代表款式。每个表款都详细介绍了上市时间、官方公价、背景故事、设计特点等知识，并配有精致美观的插图和简要的基本信息表格。通过阅读本书，读者可以深入了解各类腕表和怀表的发展历程，并全面认识不同国家、不同品牌、不同类型的表款，迅速熟悉它们的设计风格。

本书是一本面向钟表爱好者的通俗读物，编写团队拥有丰富的时尚图书写作经验，并已出版了数十本畅销全国的图书作品。与同类图书相比，本书具有科学、简明的体例和精美、丰富的图片，以及清新、大气的装帧设计。

本书由《深度文化》编委会创作，参与编写的人员有丁念阳、阳晓瑜、陈利华、高丽秋、龚川、何海涛、贺强、胡姝婷、黄启华、黎安芝、黎琪、黎绍文、卢刚、罗于华等。对于广大钟表爱好者，以及有意了解钟表知识的青少年来说，本书不失为一本极有价值的科普读物。希望读者朋友们能够通过阅读本书，循序渐进地提高自己的钟表知识。

由于编者知识有限，加之出版时间仓促，书中难免会有疏漏或不足之处，恳请专家和读者在阅读过程中多提宝贵意见，以便我们后期改正。

目 录

第1章 简述钟表 1

第2章 手动机械腕表 17

第 4 章 石英腕表 217

第5章 智能腕表 247

第6章 怀　表 269

参考文献 291

第1章 简述钟表

钟表作为一种文化、工艺和艺术品，其意义不仅在于时间管理，而且在于其深厚的文化底蕴和历史积淀，以及其高超的工艺和美学价值。同时，钟表也是一种珍贵的投资品和收藏品，具有重要的经济价值和收藏意义。

钟表的历史

千百年来，人类利用各种装置来计时和报时。目前正在使用的六十进制时间系统，大约可以追溯至公元前 2 000 年的苏美尔文明时期。古埃及人将一天分为两个部分，每个部分再分为 12 小时，并使用大型方尖碑追踪太阳的移动。他们还发现水的流动需要的时间是固定的，因此发明了水钟，卡纳克阿蒙神庙很可能是最初使用水钟的地方。后来在埃及以外的地方也有人使用水钟，如古希腊人就经常使用名为 Clepsydrae 的水钟。约在同一时间，中国商朝已使用泄水型水钟——漏壶。

除水钟外，其他古代计时器还有日晷、沙漏、蜡烛钟、香钟等。其中日晷依靠太阳的阴影来测量时间，所以它在多云的天气或夜间，就没有用武之地了。此外，如果“晷针”跟地球的轴心不一致，这些计时工具要依季节的变化，而重新校准。

古埃及日晷

第一个使用擒纵器（escapement）的水钟，由中国唐朝僧人一行和天文仪器制造家梁令瓒建于长安。这个擒纵器水钟是一个天文仪器，仍然会受温度变化的影响。976 年，北宋天文学家张思训解决了这个问题，他用汞（水银）取代水，汞在温度下降到零下 39℃时，仍然是液体。

1088 年，北宋天文学家苏颂和韩工廉等人制造了水运仪象台，它是把浑仪、浑象和机械计时器组合起来的装置。它以水力作为动力来源，具有科学的擒纵机构，高约 12 米，宽约 7 米，共分三层：上层放浑仪，进行天文观测；中层放浑象，可以模拟天体作同步演示；下层是该仪器的心脏，计时、报时、动力源的形成与输出都在这一层。虽然几十年后毁于战乱，但它在世界钟表史上具有极其重要的意义。因此，中国著名的钟表大师、古钟表收藏家矫大羽提出了“中国人开创钟表史”的观点。

1276 年，中国元代的郭守敬制成大明殿灯漏。它是利用水力驱动，通过齿轮系及相当复杂的凸轮结构，带动木偶进行一刻鸣钟、二刻击鼓、三刻击钲、四刻击铙的自动报时装置。

14 世纪在欧洲的英、法等国家的高大建筑物上出现了报时钟，钟的动力来源于用绳索悬挂重锤，利用地心引力产生的重力作用。15 世纪末、16 世纪初出现了铁制发条，使钟有了新的动力来源，也为钟的小型化创造了条件。1583 年，意大利科学家伽利略发明了著名的等时性理论，也就是钟摆的理论基础。

1656 年，荷兰物理学家、天文学家、数学家克里斯蒂安 • 惠更斯应用伽利略的理论设计了钟摆。1657 年，在克里斯蒂安 • 惠更斯的指导下，年轻的钟匠哥士达成功设计制造了第一个摆钟。1675 年，哥士达又用游丝取代了原始的钟摆，这样就形成了以发条为动力、以游丝为调速机构的小型钟，同时也为制造便于携带的怀表提供了条件。

摆钟

18 世纪，各国钟表设计师发明了各种各样的擒纵机构，为怀表的产生与发展奠定了基础。英国人乔治 • 格雷厄姆在 1726 年完善了工字轮擒纵机构，它和之前发明的垂直放置的机轴擒纵机构不同，使怀表机芯相对变薄。18 世纪 50 年代，英国人托马斯 • 马奇发明了叉式擒纵机构，进一步提高了怀表计时的精确度。这期间一直到19世纪产生了一大批钟表生产厂家，为怀表的发展做出了贡献。19世纪后半叶，在一些女性的手镯上，作为装饰品，装上了小怀表。那时，人们只是把它看作一件首饰，还没有完全认识到它的实用价值。直到进入20世纪，随着钟表制作工艺水平的提高以及科技和文明的巨大变革，才逐渐确立了腕表的地位。

带有表链的怀表

20世纪初，护士为了掌握时间就把小怀表挂在胸前，人们已经很注重它的实用性，要求方便、准确、耐用。1904年，经营珠宝的法国商人路易斯·弗朗索瓦·卡地亚听到飞行员好友亚伯托·桑托斯·杜蒙的抱怨：当驾驶飞机时要把怀表从口袋里拿出来十分困难，希望他协助解决这个问题，以便在飞行途中也能看到时间。因此，卡地亚便想出了用皮带将怀表绑在手上的方法，以解决好友的难题。而这种绑在手上的怀表，就是腕表的雏形。1911年，卡地亚正式将这种形式的钟表商业化，推出了著名的桑托斯腕表。第一次世界大战爆发后，怀表已经不能适应作战军人的需要，腕表的生产成为大势所趋。

1926年，劳力士制造了完全防水的腕表表壳，获得专利并命名为“蚝式”（Oyster）。1927年，一位勇敢的英国女性梅赛德斯·格丽兹佩戴这种表完成了个人游泳横渡英伦海峡的壮举。这一事件也成为钟表历史上的重要转折点。从那以后，许多新的设计和技术也被应用在腕表上，成为真正意义上的戴在手腕上的计时工具。紧接着，第二次世界大战使腕表的生产量大幅增加，价格也随之下降，普通大众也可以拥有它，腕表的时代到来了。

20世纪后半叶，随着电子工业的迅速发展，电池驱动钟、交流电钟、电机械表、指针式石英电子钟表、数字式石英电子钟表相继问世，钟表的每日误差已小于 0.5 秒，钟表进入了微电子技术与精密机械相结合的石英化新时期。

指针式石英表

21 世纪以来，腕表增加了更多复杂的功能。部分腕表变成了首饰的一种，重点已不在于显示时间，而在于其设计、品牌、材质（如贵金属及钻石）等特征上。另外，随着科技的发达，有厂商开始将腕表与科技结合，与网络连接，成为新 3C 产品——智能腕表。

钟表的分类

现代钟表种类繁多，为便于理解，可以按工作原理、用途、结构特点来分类。

按工作原理分类，现代钟表可分为振动式和非振动式两类。振动式又可分为机械振动式和电磁振动式，机械振动式即机械钟表，电磁振动式即石英钟表；而非振动式包括电子延时器、液压延时器等。

按用途分类，现代钟表可分为指示时刻类、指示时段类和时段控制类。指示时刻类就是简单的腕表、闹钟等；指示时段类就是秒表、计时器等；时段控制类则为复杂的定时器、程序钟等。

按结构特点分类，现代钟表可分为由机械零件组成的钟表、由机械零件和电子元件组成的钟表以及由电子元件组成的钟表三类。全部由机械零件组成的钟表为机械钟表；由机械零件和电子元件组成的钟表为音叉钟表、同步电钟、指针式石英钟表等；由电子元件组成的钟表为数字式石英表。

机械钟表的结构

在钟表制造领域，机械钟表被认为是钟表制造技术的代表。它需要经过精密的手工制造和调校，需要使用高度精密的机床和工具来制造和加工。它的制造过程需要很高的技术水平和精湛的工艺技能，因此它通常被认为是高端制表技术的代表。虽然现代的电子和石英钟表已经取代了机械钟表的地位，但它仍然是钟表制造和钟表收藏领域中不可或缺的重要组成部分。

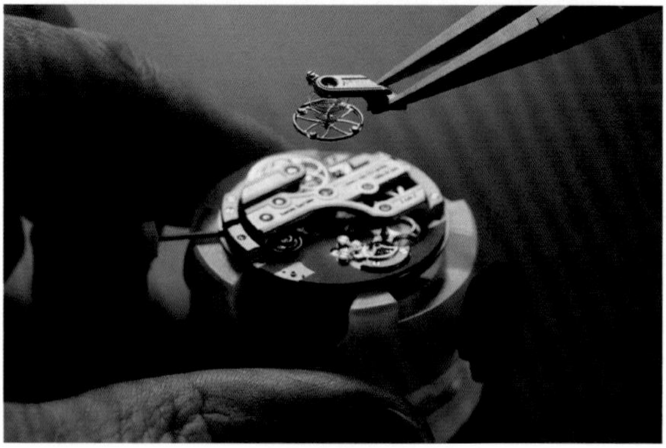

制作中的机械腕表

机械钟表有多种结构形式，但其工作原理基本相同，都是由原动系、传动系、擒纵调速器、指针系和上链拨针系等部分组成。

机械钟表利用发条作为动力的原动系，经过一组齿轮组成的传动系来推动擒纵调速器工作；再由擒纵调速器反过来控制传动系的转速；传动系在推动擒纵调速器的同时还带动指针机构，传动系的转速受控于擒纵调速器，所以指针能按一定的规律在表盘上指示时刻；上链拨针系是上紧发条或拨动指针的机件。

此外，还有一些附加机构，可增加钟表的功能，如自动上链机构、日历（双历）机构、闹时装置、月相指示和测量时段机构等。

原动系

原动系是储存和传递工作能量的机构，通常由条盒轮、条盒盖、条轴、发条和发条外钩组成。发条在自由状态时是一个螺旋形或 S 形的弹簧，它的内端有一个小孔，套在条轴的钩上。它的外端通过发条外钩，钩在条盒轮的内壁上。上链时，通过上链拨针系使条轴旋转，将发条卷紧在条轴上。同时发条的弹性作用使条盒轮转动，从而驱动传动系。

传动系

传动系是将原动系的能量传至擒纵调速器的一组传动齿轮，它由二轮（中心轮）、三轮（过轮）、四轮（秒轮）和擒纵轮齿轴组成，其中轮片是主动齿轮，齿轴是从动齿轮。钟表传动系的齿形绝大部分是根据理论摆线的原理，经过修正而制作的修正摆线齿形。

擒纵调速器

擒纵调速器由擒纵机构和振动系统两部分组成，它依靠振动系统的周期性振动，使擒纵机构保持精确和规律性的间歇运动，从而取得调速作用。

叉瓦式擒纵机构是应用最广泛的一种擒纵机构。它由擒纵轮、擒纵叉、双圆盘和限位钉等组成。它的作用是把原动系的能量传递给振动系统，以维持振动系统作等幅振动，并把振动系统的振动次数传递给指示机构，达到计量时间的目的。

振动系统主要由摆轮、摆轴、游丝、活动外桩环、快慢针等组成。游丝的内、外端分别固定在摆轴和摆夹板上；摆轮受外力偏离其平衡位置开始摆动时，游丝便被扭转而产生位能，称为恢复力矩。擒纵机构完成前述两个动作的过程时，振动系统在游丝位能的作用下，进行反方向摆动而完成另外半个振动周期，这就是机械钟表在运转时擒纵调速器不断和重复循环工作的原理。

指针系

指针系即指示时间的针状物体，发条能量通过原动系传递到擒纵调速器，然后通过上链拨针系带动指针运动，从而指示时间。

上链拨针系

上链拨针系的作用是上链和拨针。它由柄头、柄轴、立轮、离合轮、离合杆、离合杆簧、拉档、压簧、拨针轮、跨轮、时轮、分轮、大钢轮、小钢轮、棘爪、棘爪簧等组成。

上链和拨针都是通过柄头部件来实现的。上链时，立轮和离合轮处于啮合状态，当转动柄头时，离合轮带动立轮，立轮又经小钢轮和大钢轮，使条轴卷紧发条。棘爪则阻止大钢轮逆转。拨针时，拉出柄头，拉挡在拉挡轴上旋转并推动离合杆，使离合轮与立轮脱开，与拨针轮啮合。此时，转动柄头使拨针轮通过跨轮带动时轮和分轮，达到校正时针和分针的目的。

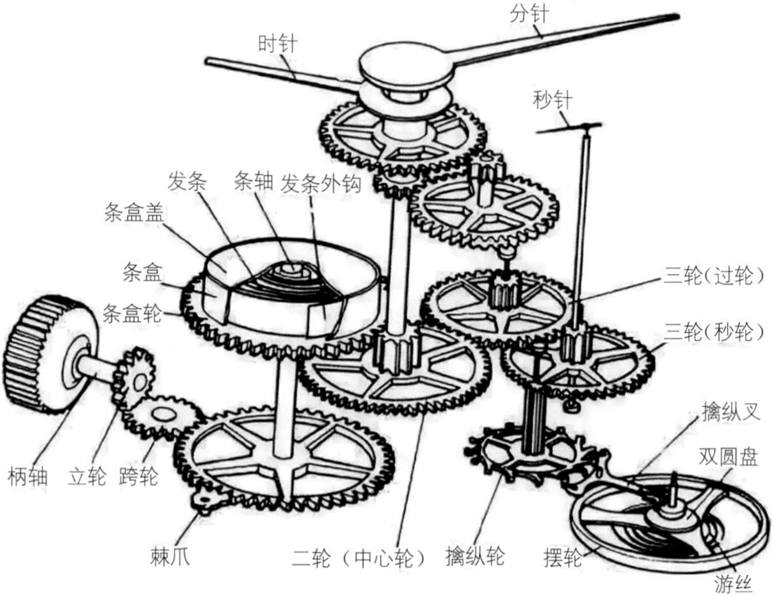

机械钟表内部构造示意图

钟表的复杂功能

陀飞轮

陀飞轮是由瑞士著名钟表大师亚伯拉罕·宝玑于1795年发明的，是机械钟表机芯中的一个装置。陀飞轮装置的设计原本是用于怀表上的，因为怀表垂直放在口袋中，或挂在颈上时，地心引力会影响摆轮的摇摆速度，导致时间出现误差。陀飞轮的原理是把游丝、叉式杠杆和擒纵系统设计在同一轴上运作，陀飞轮在运行时会不断旋转，以减少地心引力造成的影响。但随着 20 世纪腕表的兴起，腕表并非长时间垂直放置，因此陀飞轮装置对腕表的作用已经没有怀表那么大。但陀飞轮装置极其复杂，而且制作成本及对工艺的要求相当高，因此陀飞轮便成了高级腕表的代名词。陀飞轮腕表以极度精准见称，在石英表以及电子表面世之前，是钟表的极致。

一枚配置陀飞轮的积家腕表

语音报时

语音报时原是为盲人或无光源环境而设计的功能，通常是利用音锤来敲击音簧发声，以发出不同音高作为报时的方式。机械表报时所使用的音锤，通常是两个或三个，亦有四个或以上的表款，用以在“刻”的部分奏出复杂旋律。

机械表报时依照品牌与钟表发展史的不同，报时的方式也有不同，主要包括二问表（仅报“时、刻”）、三问表（最常见的报时方式，报“时、刻、每分”）、十分三问表（报“时、每十分、每分”）、五分问表（报“时、每五分”）、半刻表（18 世纪中叶前较常见的怀表报时方式，报“时、每半刻”）、自鸣表（每过固定的时间会自动报时的腕表，种类通常分为大自鸣与小自鸣，也可在不使用的时候静音）、无声报时表（与一般报时表的运作原理相同，但并非以音锤敲击音簧的方式报时，而是以锤敲击表身发出振动，便于视觉障碍者在安静的场合获得时间资讯）。

拥有报时功能的机械表，通常为复杂功能或超复杂功能的机械表，价格非常昂贵。而语音报时的电子表相对便宜，其通过语音合成的方式，只要按下按钮，就能以不同的语言将时间读出。

月相

月相功能主要用于显示当前月相状态，这种功能在一些高档机械表中比较常见，因为它可以增加表的复杂度和品质感。月相功能通常是通过一个特殊的齿轮传动系统来实现的。这个系统将机芯的动力传递到一个小型的月相盘上，让它以与月球公转相同的速度旋转。月相盘上通常绘有一个月亮图案，它会随着月相的变化而逐渐转动，从而显示当前的月相状态。

日期、星期、月份显示

日期显示是很多腕表具备的功能。大部分腕表采用孔眼数字显示日期，也有部分腕表采用指针显示。数字显示日期的腕表，多在3点与5点的位置，开一个小窗显示，具备这一功能的就是日历表。部分腕表还具有星期显示功能，通常以三个英文字母显示。除了日期和星期之外，有的腕表还能显示月份，一般称为全日历表。

万年历

万年历功能是指表的日历在日常使用过程中不需要进行手动调整，遇到闰年、大月和小月时，都可以实现自动转换，100年以上才需要调整一次。欧洲人称这种结构为“永久日历”。这类机芯的结构相当复杂，设计、制造、装配、维修的难度都非同一般。因此，这类结构历来都是顶级表的专利，生产数量有限。

具有万年历、计时功能的百达翡丽 1518 腕表

双时区

双时区功能是指腕表可以显示第二时区。对于指针式腕表来说，就是有两个可调节的时针，一个时针指示本地（第一时区）时间，另一个时针

指示第二时区的时间。还有的腕表设有一个拨盘，上面标有全球各个时区（每个时区用其中的一个有名的城市来代表），第二时区的时间是通过转动这个拨盘来读取的。

世界时

世界时功能是指腕表可以同时显示 24 个时区的时间。通常情况下，世界时在腕表中的显示，由一个 24 小时显示盘和一个 24 小时时区显示盘共同组成。其中 24 小时显示盘可以旋转，通过每一个数字刻度对应不同的时区，来指示该时区的当前时间。

具有日期显示、双时区、世界时功能的宝玑 5557 腕表

计时

具有时间测量功能的腕表，也被称为计时码表。计时码表大部分是双按钮式，两个按钮通常分别在 2 点位置和 4 点位置。2 点位置按钮控制“启动和停止”功能，4 点位置按钮控制“归零”功能。需要注意的是，在按归零按钮前必须停止计时功能。单按钮式的计时码表则比较简单，由一个按钮控制“启动—停止—归零”的功能。但是，每次按下按钮后，必须待按钮复位后，方能再按第二次。

动力储备显示

动力储备显示也叫能量显示，直观来看，就是在表盘上通常会有一个表示动力储存的显示窗口，也叫能量显示窗口。对于机械表，显示需要上链前还能运行多长时间；而对于石英表，则显示电池电量的高低。

防磁

磁场是钟表走时不准的主要原因。钟表设计需保证机芯的零件尽可能地不受干扰，自由运转。这些密密麻麻的小组件，在狭小的表壳内，和谐共存，精准运作。一旦磁化，它们便彼此相互吸引，相互牵制，难以正常运转。防磁钟表的主要零件，如摆轮、游丝、发条等，都是由防磁材料制成的。

世界部分著名制表商

爱彼

爱彼（Audemars Piguet）是瑞士著名制表品牌，1875 年由钟表师朱尔斯·路易斯·奥德莫斯（Jules-Louis Andemars）和爱德华·奥古斯蒂·皮捷特（Eduard-Anguste Piguet）在瑞士创立，生产地在布拉苏斯。两位创始人坚持“驾驭常规，铸就创新”的理念，品牌形象独树一帜，并留下经典隽永的传世作品。直到今天，爱彼这个家族企业仍由后代子嗣一手打理，灵感巧思传承于血脉之中，对制表工艺的热情也丝毫未减。

百达翡丽

百达翡丽（Patek Philippe）是始于 1839 年的瑞士著名钟表品牌，创始人为安东尼·百达和让·阿德里安·翡丽。逾百年来，百达翡丽一直信奉精品哲学，遵循重质不重量、细工慢活的生产原则。其宗旨只有一个，即追求完美。它奉行限量生产，每年的产量只有 5 万枚。自品牌诞生以来，百达翡丽出品的钟表数量极为有限，且只在世界顶级名店发售。百达翡丽拥有多项专利，在钟表技术上一直处于领先地位。

宝珀

宝珀（Blancpain）诞生于 1735 年的瑞士，是世界上第一个注册成立的腕表品牌。创始人吉恩 - 雅克·宝珀（Jehan-Jacques Blancpain）将瑞士钟表业从“匠人时代”推进到“品牌时代”。宝珀秉持“创新即传统”的品牌理念，坚持只做机械表。自诞生之日起，宝珀的每一枚顶级复杂机械腕表都完全以手工制作，且均由制表师亲自检查，然后刻上编号、亲笔签名，这种传统一直延续至今。迄今为止，钟表行业虽然没有任何官方排名，但在众多排名中，宝珀始终名列世界“十大名表”排行榜。

宝玑

宝玑（Breguet）诞生于 1775 年的瑞士，创始人为亚伯拉罕 - 路易 • 宝玑。从 18 世纪开始，宝玑一直致力于为皇室成员以及各个领域的杰出人物提供作品和服务。在钟表界，亚伯拉罕 - 路易 • 宝玑有“表王”的称号，同时也有“现代制表之父”的美誉。因为他发明了业界超过 70% 的技术，包括复杂的陀飞轮、万年历和三问音簧等。目前，宝玑是斯沃琪集团旗下的品牌。

伯爵

伯爵（Piaget）诞生于 1874 年，由年仅 19 岁的乔治 • 爱德华 • 伯爵创立。从诞生以来，伯爵一直秉承“永远做得比要求的更好”的品牌精神，将精湛工艺与无限创意融入每一件作品，非常注重作品创意和对细节的追求，将腕表与珠宝的工艺完全融合在一起。20 世纪 60 年代以来，伯爵一直致力于复杂机芯的研究以及顶级珠宝首饰的设计。从设计、制作蜡模型到镶嵌宝石，伯爵始终秉承精益求精的宗旨。

江诗丹顿

江诗丹顿（Vacheron Constantin）钟表工作室于 1755 年在瑞士日内瓦成立，创始人为琼 - 马尔科 • 瓦舍龙。江诗丹顿传承了瑞士的传统制表精华，同时也创新了许多制表技术，对制表业有很大的贡献。它在 20 世纪推出了多种令人难忘的款式。从简约典雅的款式到精雕细琢的复杂设计，从日常佩戴的款式到名贵的钻石腕表，每一款均代表了瑞士高级钟表登峰造极的制表工艺及其对技术和美学的追求，奠定了其在世界钟表界卓尔不群的地位。

积家

积家（Jaeger-LeCoultre）是一家位于瑞士勒桑捷的高级钟表制造企业，创始人为安东尼 • 勒考特（Antoine LeCoultre）。自 1833 年成立于瑞士汝拉山谷以来，它便成为制表历史上举足轻重的钟表品牌。作为顶级制表行业的先驱，其不仅将精确的计时技术和精湛的艺术进行完美统一，对整个制表业的发展也做出了卓越的贡献。2000 年，积家成为瑞士奢侈品集团历峰集团旗下的公司。

劳力士

劳力士（Rolex）是瑞士著名的腕表制造商，前身为威尔斯多夫 & 戴维斯（W&D）公司，由德国人汉斯·威尔斯多夫（Hans Wilsdorf）与英国人阿尔弗雷德·戴维斯（Alfred Davis）于 1905 年在伦敦合伙经营。1908 年由汉斯·威尔斯多夫在瑞士的拉夏德芬注册更名为 Rolex。经过一个多世纪的发展，总部设在日内瓦的劳力士公司已拥有 19 个分公司，在世界主要的大都市有 24 个规模颇大的服务中心，年产腕表 45 万枚左右，成为市场占有率很高的名牌腕表之一。

理查德米勒

理查德米勒（Richard Mille）是创立于 2001 年的瑞士高级制表品牌，被誉为“手腕上的一级方程式”。从理查德米勒所创作的每一枚腕表中，都可以强烈地感受到品牌缔造者对传统腕表精神的传承，对高科技研发、创新材质、赛车及其他领域的热忱，以及绝不为寻常规范而妥协的革新派精神。

万国

万国（IWC）诞生于 1868 年，创始人为佛罗伦汀·阿里奥斯托·琼斯。自诞生以来，万国便一直引领制表工艺的发展，不断为极其复杂精密的制表业创立新标准。万国素有“高档钟表工程师”之称，专门制造男装腕表。经典的款式加上巧妙的设计，典雅而精致，操作极其简便。万国从不追求大量生产，直至今日，都忠实地秉持着固有的理念——做少量但品质卓绝的表。

萧邦

萧邦（Chopard）是瑞士著名腕表与珠宝品牌，1860 年由路易斯·尤利斯·萧邦在瑞士汝拉地区创立，以怀表和精密腕表著称。萧邦钟表制作工艺卓绝，在金质怀表中享有杰出的声誉。其产品设计富有浪漫的诗意，洋溢着时尚的动感。

宇舶

宇舶（Hublot）诞生于 1980 年，是首个融合贵重金属和天然橡胶为原材料的瑞士顶级腕表品牌，它的诞生无论是从制表材料还是从腕表所诠释的独特美学概念来讲，在钟表界都掀起了一场革命。宇舶倡导的品牌理念是“融合的艺术”，实现了锆、钽、镁、钛等贵金属与钻石、珍稀宝石、金、白金、陶瓷、精钢以及天然橡胶的完美融合。

芝柏

芝柏（Girard-Perregaux）的历史可追溯至 1791 年，是世界上为数不多的几家正宗的瑞士手工制表商之一。芝柏秉承高端的制表文化，运用先进的研发技术，制造高质量的机芯和腕表。高水平的专业制表大师，热忱而充满激情地投入工作，创造出卓越不凡的时计杰作。多年来，芝柏已经注册了近 80 项制表领域的专利。

常见术语解释

表壳

表壳是指腕表主体的外壳部件，其作用是容纳并保护腕表的内在部件（机芯、表盘、指针等），与表壳紧密相连的部件有表镜、底盖、表冠等。

表耳

表耳是表壳突出的部分，是连接表带与表壳的关键零件。

表镜

表镜是指腕表表面的透明镜片，又叫腕表玻璃，用来保护腕表表盘。表镜按材质可分为合成玻璃表镜、矿物玻璃表镜、蓝宝石水晶表镜三类。高级腕表多用耐磨性优秀的蓝宝石水晶表镜，并且为了抑制光的反射和确保能见度，在单面或者双面进行了反射涂层处理。

表盘

表盘主要用于显示时间，同时关系到腕表整体的外观和材质设计。常见的表盘材质大致可分为金属、珐琅、珍珠贝母及碳纤维表盘等。

表圈

表圈是装配腕表的环形外圈，可用于固定表镜。表圈的设计在很大程度上决定了腕表的风格。其形状或圆或方，材质为陶瓷或精钢，不同的设计组合体现不同的风格。潜水表多配有可旋转式表圈，用来辅助计时。

表冠

表冠也称柄头、把头，是用于手动上链、调校时间、调整日历等使用的主要零部件。

刻度

刻度是为了表示“时间”设置在表盘上的数字和记号。它既起到了读时的作用，又起到了装饰、美化表盘的作用，为整体的设计增光添彩。

底盖

腕表佩戴时接触手腕的表身部分称为底盖。底盖的作用是固定机芯、防尘、防水等，多采用不锈钢制成。底盖分为密底和透底。名表的透底玻璃通常采用蓝宝石水晶材料。它与表壳一般有三种装配方式，即按盖、拧盖、螺丝底。

表带

表带是对腕表固定在手腕有效部分的统称。表带材料多种多样，大致分为金属表带和皮革表带。金属表带中不锈钢表带最为常见，皮革表带中牛皮最为常见，而鳄鱼皮则是最珍贵的一种。

第 2 章　手动机械腕表

手动机械腕表需要手动上链，即通过旋转表冠来张紧发条，从而为腕表提供能量。手动机械腕表通常需要每天或每两天上链一次，以确保腕表的精度和稳定性。与自动机械腕表相比，手动机械腕表通常更薄、更轻，更容易维护和保养。

爱彼 26118BC.ZZ.D002CR.01

基本信息	
发布时间	2011 年
表壳材质	白金、钻石
表带材质	鳄鱼皮
表径	43 毫米

爱彼 26118BC.ZZ.D002CR.01 是瑞士制表商爱彼推出的男士手动机械腕表，属于朱尔斯·奥德莫斯系列，具有计时、陀飞轮、三问等功能。

背景故事

朱尔斯·奥德莫斯系列是爱彼为致敬品牌创始人朱尔斯·奥德莫斯且体现爱彼制表传统而推出的腕表系列，其表壳多为经典圆形，从基础的大三针腕表到复杂功能集于一体的腕表均囊括其中。爱彼 26118BC.ZZ.D002CR.01 于 2011 年上市，每枚公价高达 806 万元人民币。

设计特点

爱彼 26118BC.ZZ.D002CR.01 的表壳厚度为 13.5 毫米，防水深度为 30 米。表壳、表圈均为白金镶钻材质，表冠、表扣均为白金材质，表镜材质为蓝宝石水晶。该腕表采用爱彼 2874 型手动机械机芯，机芯厚度为 7.65 毫米，共有 504 个零件，装有 38 颗宝石。振频为每小时 21600 次，动力储备为 43 小时。

百达翡丽 1928 单按钮计时

基本信息	
发布时间	1928 年
表壳材质	白金
表带材质	皮革
表径	35 毫米

百达翡丽 1928 单按钮计时（1928 single button chronograph）是瑞士制表商百达翡丽于 1928 年推出的腕表，具有计时功能。

背景故事

百达翡丽 1928 单按钮计时腕表是百达翡丽在 20 世纪 30 年代经济大萧条前夕制作的一枚计时腕表，由一位匿名买家所订购。它是百达翡丽有史以来唯一一枚白金表壳单按钮计时腕表，深受收藏家的喜爱。在 2011 年 5 月 16 日佳士得于日内瓦举办的拍卖会上，这枚腕表以 360 万美元的价格成交，成为当时全球拍卖成交价格最高的腕表。

设计特点

百达翡丽 1928 单按钮计时腕表的白金表壳采用酒桶形设计，长度为 43 毫米。白色盘面上两个副表圈分别置于 12 点与 6 点的位置。该腕表只有一个按钮，用于启动、停止和复位计时功能。这与其他计时腕表不同，其他计时腕表通常有两个独立的按钮用于启动和停止计时功能。此外，该腕表的时针、分针造型也很独特，以当下眼光来看也不显过时。

百达翡丽 1518

基本信息	
发布时间	1941 年
表壳材质	黄金 / 玫瑰金 / 不锈钢
表带材质	金属 / 皮革
表径	35 毫米

百达翡丽 1518 是瑞士制表商百达翡丽于 20 世纪 40 年代推出的腕表，具有万年历、计时功能。

背景故事

百达翡丽 1518 是世界上首款系列制作的万年历计时腕表，它将万年历和计时功能整合起来，这在当时是一个了不起的创举。该腕表的总产量为 281 枚，多数为黄金表壳，其中有 44 枚为玫瑰金表壳，仅有 4 枚为不锈钢表壳。不锈钢表壳的数量极少，且均产自二战期间，所以极具收藏价值。2016 年 11 月第四场日内瓦名表拍卖会上，一枚不锈钢材质的百达翡丽 1518 最终以 1100.2 万瑞士法郎的价格成交。

设计特点

百达翡丽 1518 采用方形计时按钮设计。12 点位置设星期、月份双视窗，3 点和 9 点位置各设一个计时圈，6 点位置设月相盈亏和圆形日期显示。表盘呈银色，装饰珐琅测速计刻度，表盘背面镌刻完整机芯编号。银色的星期、月份盘也以珐琅装饰，月相盘镶嵌蓝色珐琅和金质星星、月亮。表壳采用三件式结构，配备内凹表圈和下沉式表耳。

采用不锈钢表壳和表带的百达翡丽 1518

采用黄金表壳、皮革表带的百达翡丽 1518

百达翡丽 1527

基本信息	
发布时间	1943 年
表壳材质	黄金 / 玫瑰金
表带材质	皮革
表径	37.6 毫米

百达翡丽 1527 是瑞士制表商百达翡丽于 20 世纪 40 年代推出的腕表，具有万年历、月相、计时等功能。

背景故事

百达翡丽 1527 是百达翡丽较早的万年历、月相、计时腕表，共制作了不到 300 枚。2010 年 5 月，在佳士得于日内瓦举办的拍卖会上，一枚玫瑰金表壳的百达翡丽 1527 以 570 万美元的价格成交。

设计特点

百达翡丽 1527 采用黄金或玫瑰金表壳。从表面上看，百达翡丽 1527 与一般的计时腕表没有什么不同，但在它朴素的外表下，却拥有双秒追针计时、陀飞轮、三问报时三大顶级复杂功能。当时，百达翡丽还没正式推出超级复杂系列，但百达翡丽 1527 完全具备列入超级复杂系列的资格。

百达翡丽 2499

基本信息	
发布时间	1951 年
表壳材质	黄金 / 玫瑰金
表带材质	皮革
表径	37 毫米

百达翡丽 2499 是瑞士制表商百达翡丽于 20 世纪 50 年代推出的腕表，取代了百达翡丽 1518。

背景故事

百达翡丽 2499 诞生于 1951 年，一直到 1985 年停产，其间共经历四代演变，一共制作了 349 枚，大部分为黄金表壳，少数为玫瑰金表壳。第一代是由百达翡丽 1518 演化而来的。第二代于 20 世纪 50 年代中期上市销售。第三代产自 1960—1978 年，约占整个型号制作周期的一半，由于数量较多，收藏价值相对较低。第四代产自 1978—1985 年，这一阶段的产品采用了 2499/100 的编号。2022 年 4 月的苏富比拍卖会上，一枚玫瑰金表壳的百达翡丽 2499 以 6026.5 万港元（含佣金）的价格成交。

设计特点

第一代的表盘、指针和计时按钮设计与百达翡丽 1518 如出一辙，均配备方形计时按钮，镶贴阿拉伯数字时标，并装饰速度计刻度。第二代改为圆形计时按钮和棒状镶贴时标，另有阿拉伯数字镶贴时标。第三代和第四代的设计变化较大，表盘上的测速计刻度和阿拉伯数字时标不复存在。从外观和材质上看，第四代最大的不同是采用了蓝宝石水晶镜面。

百达翡丽 5002

基本信息	
发布时间	2001 年
表壳材质	黄金 / 铂金 / 白金
表带材质	皮革
表径	42.8 毫米

百达翡丽 5002 是瑞士制表商百达翡丽于 21 世纪初推出的复杂功能计时腕表。

背景故事

2000 年 10 月，百达翡丽推出了一款构造非常复杂的怀表——Star Caliber 2000，该怀表以 1118 个零件实现 21 项复杂功能，荣获 6 项专利。半年后，百达翡丽又以手表形式将其制成全新的复杂功能腕表——5002。因其巧夺天工的设计和复杂无比的结构，传闻在 180 位百达翡丽大师级表匠当中，只有 2 位表匠能够制作。其年产量仅有 2 枚，每枚售价高达 1760 万元人民币。

设计特点

百达翡丽 5002 集陀飞轮、万年历、月历、闰年周期、星期、月份、日期、飞返、三问、苍穹图、月相及月行轨迹等复杂功能于一身。表背的苍穹图清晰显示出星体活动，北半球（可选择南半球）的天空图以逆时针方向旋转，显示月相盈亏。中心两枚指针在 24 小时刻度面上显示恒星时间。利用椭圆形的线道可展现某一特定地点上可见的夜空范围。宝石玻璃显示盘有 279 个轮齿，它们不停运转以追踪月亮运行的情况，在小圆孔内显示月相盈亏。底盖内也设计了 24 小时恒星时间显示盘及金色椭圆线道，可欣赏某一地点上可见的天空范围。

百达翡丽 5002 正面

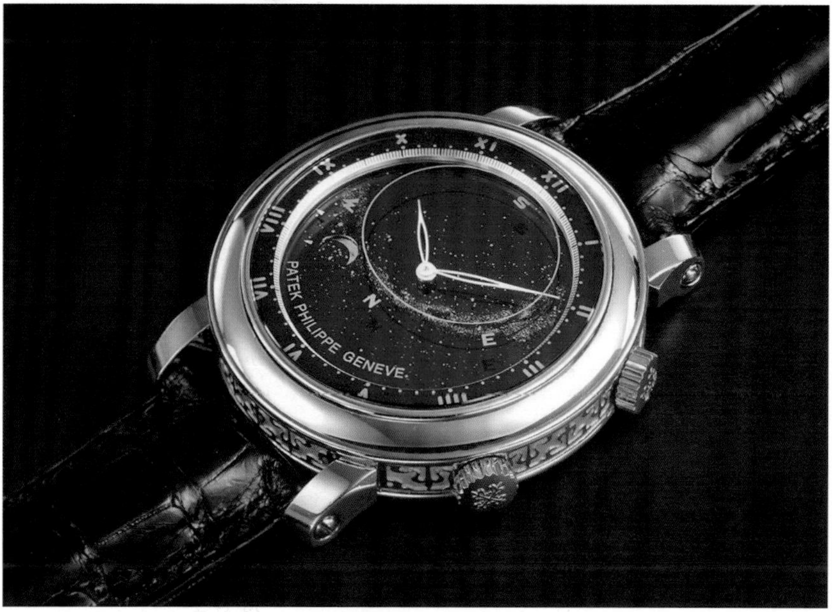

百达翡丽 5002 背面

百达翡丽 6002G

基本信息	
发布时间	2013 年
表壳材质	白金
表带材质	皮革
表径	44 毫米

百达翡丽 6002G 是瑞士制表商百达翡丽于 2013 年推出的复杂功能计时腕表，是百达翡丽 5002 的后继款式。

背景故事

2013 年 5 月 29 日，百达翡丽在其日内瓦沙龙举办的“珍贵手工艺展”上，展出了珐琅、金雕、木片镶嵌等手工艺作品，同时发布了每枚公价高达 3800 万人民币的百达翡丽 6002G 腕表，以代替停产的百达翡丽 5002 腕表。百达翡丽 6002G 采用与百达翡丽 5002 相同的机芯，在机械加工工艺上差别不大。2021 年，百达翡丽又推出了玫瑰金版，编号为 6002R。

设计特点

作为百达翡丽 5002 的升级版本，百达翡丽 6002G 同样有 12 项复杂功能。其主要改变在于外形，一是采用雕花表壳，二是蓝色的万年历表盘采用掐丝珐琅和内填式珐琅制作工艺。表壳利用一块完整的白金原料雕刻，表冠的装饰不仅是为了美观，而且具有指示性。表盘由一块金质圆盘打造而成，清晰的轨道式刻度，以及表盘中心饰纹的边缘、视窗式日历显示和月相显示的边缘均由立体浮雕塑型。表盘中心区域则采用掐丝珐琅工艺，利用纤细扁平的金线紧贴表盘勾勒出图案轮廓，再以不同颜色的珐琅填充，然后在高温窑中烤制，色彩鲜艳且不易褪色。

百达翡丽 6002G 表耳部位特写

百达翡丽 6002G 佩戴效果

百达翡丽 5175 大师弦音

基本信息	
发布时间	2014 年
表壳材质	玫瑰金
表带材质	皮革
表径	47.4 毫米

百达翡丽 5175 大师弦音（Grandmaster Chime）是瑞士制表商百达翡丽为庆祝品牌成立 175 周年而推出的功能复杂的腕表。

背景故事

为打造这款独特的 175 周年纪念腕表，百达翡丽倾注了大量的心血。腕表的研发、制造和组装工作耗时超过 10 万小时，其中机芯零件的制造处理就耗费近 6 万小时。该表限量制作 7 枚，其中 6 枚被出售给百达翡丽长期以来的忠实拥趸和收藏家，另外 1 枚则在百达翡丽博物馆永久展出，供公众参观。论复杂程度，百达翡丽 5175 腕表比不上其品牌成立 150 周年时推出的百达翡丽 Caliber 89 怀表，但是百达翡丽 5175 的厚度和表径都远小于百达翡丽 Caliber 89。

设计特点

百达翡丽 5175 是百达翡丽首款不区分正反面的双面腕表，即两面均可朝上佩戴。一面为时间显示和自鸣功能，另一面则专门显示瞬跳万年历。该腕表内藏有四个发条盒，拥有 20 多项复杂功能，包括大小自鸣、三问、带四位数年份显示的瞬跳万年历、第二时区等，以及在自鸣表领域开创的两项专利：报时闹钟和按需鸣报日期。每枚百达翡丽 5175 的零件总数多达 1580 个。

小知识

百达翡丽 5175 拥有专门的表匣，由印尼望加锡黑檀木以及 17 种其他名贵木材制作。表匣采用镶金处理和细木镶嵌工艺。除腕表外，表匣内还附有相关资料和一枚金质纪念奖章，资料中列举了品牌发展历史上的重要时刻以及 1932 年斯特恩家族入主百达翡丽以来历任总裁的肖像。

百达翡丽 5175 大师弦音的机芯

百达翡丽 5175 大师弦音及其表匣

百达翡丽 5016A—010

基本信息	
发布时间	2015 年
表壳材质	精钢
表带材质	鳄鱼皮
表径	36.8 毫米

百达翡丽 5016A-010 是瑞士制表商百达翡丽推出的男士手动机械腕表，属于古典表系列，具有日期显示、星期显示、月份显示、万年历、月相、飞返 / 逆跳、陀飞轮、三问等功能。

背景故事

百达翡丽 5016 型号始创于 1993 年，将“卡拉特拉瓦”（Calatrava）式表壳设计、备受表迷推崇的三种复杂功能（陀飞轮、三问和万年历）以及月相盈亏显示集于一身，可谓品牌超级复杂功能腕表的典范。而百达翡丽 5016A-010 是百达翡丽专为 2015 年“唯一腕表”（Only Watch）慈善拍卖会打造，是该型号首枚也是唯一一枚精钢材质款，官方公价高达 4 600 万元人民币。

设计特点

百达翡丽 5016A-010 的表壳、表圈、表冠、表扣均为精钢材质，表镜材质为蓝宝石水晶，表盘材质为蓝色珐琅。该腕表采用百达翡丽 R TO 27 PS QR 型手动机械机芯，机芯直径为 28 毫米，共有 506 个零件，装有 28 颗宝石。振频为每小时 21 600 次，动力储备为 48 小时。

百达翡丽 5016A-010 表盘特写

百达翡丽 5016A-010 的机芯

百达翡丽 6300A

基本信息	
发布时间	2019 年
表壳材质	不锈钢
表带材质	皮革
表径	47.7 毫米

百达翡丽 6300A 是瑞士制表商百达翡丽在百达翡丽 5175 大师弦音的基础上打造的限量版腕表。

背景故事

百达翡丽 6300A 是百达翡丽专为“唯一腕表”慈善拍卖会打造的腕表，限量发行 1 枚。这枚腕表的特别之处是将表壳材质由贵金属换成了不锈钢，另外搭配收藏市场备受追捧的“三文鱼”颜色的表盘。2019 年 11 月的“唯一腕表”慈善拍卖会上，百达翡丽 6300A 以 3 100 万瑞士法郎的天价成交（无佣金），打破了由劳力士 6239“保罗 • 纽曼”迪通拿腕表在 2017 年创下的世界纪录。

设计特点

百达翡丽 6300A 是百达翡丽首款不锈钢自鸣腕表，采用手动机械机芯，配备可翻转表壳和双面表盘，具有 20 项复杂功能并包括至少 5 项报时功能，其中 2 项是百达翡丽在制表业开创的专利：闹钟鸣报以及可按需启动的日期鸣报。表盘正反两面分别采用了玫瑰金色与乌木黑色，以雕饰巴黎钉纹点缀，辅以专利翻转装置，属于“超级复杂”系列。12 点位置的辅助表盘上还印有“THE ONLY ONE”字样，进一步提升了这枚腕表的价值。

百达翡丽 6300A 背面特写

百达翡丽 6300A 佩戴效果

百年灵 PB02301A1B1A1

基本信息	
发布时间	2022 年
表壳材质	精钢
表带材质	精钢
表径	41 毫米

百年灵 PB02301A1B1A1 是瑞士制表商百年灵推出的手动机械腕表，属于航空计时 1 系列，具有日期显示、计时功能。

背景故事

1962 年 5 月，美国宇航员斯科特·卡彭特乘坐水星一宇宙神 7 号载人飞船，成功升空并围绕地球飞行了三圈。这一壮举标志着人类进入了太空时代的新篇章。当时，卡彭特佩戴的就是百年灵航空计时宇航员腕表。2022 年，适逢此项太空探索使命圆满完成 60 周年，百年灵不仅公开展出了卡彭特当年佩戴的航空计时宇航员腕表原版，更是推出了加入现代设计的全新腕表以表敬意。这一特别版限量发行 362 枚，其中数字“3”表示飞船绕地球三圈，数字“62”表示迈出载人航天历史关键一步的 1962 年。该表编号为百年灵 PB02301A1B1A1，每枚公价为 8.28 万元人民币。

设计特点

百年灵 PB02301A1B1A1 是一款不折不扣的航空计时腕表，保留了百年灵经典航空腕表的所有鲜明特点：便于在飞行途中完成数学计算的环形飞行滑尺、世界航空器拥有者及驾驶员协会羽翼徽标、计时码表的三枚小表盘设计。该腕表搭载百年灵 B02 手动上链机芯，机芯厚度为 6.83 毫米，振频为每小时 28 800 次，动力储备为 70 小时。

百年灵 PB02301A1B1A1 表盘特写

百年灵 PB02301A1B1A1 佩戴效果

宝玑 2065ST/Z5/398

基本信息	
发布时间	2021 年
表壳材质	不锈钢
表带材质	小牛皮
表径	38.3 毫米

宝玑 2065ST/Z5/398 是瑞士制表商宝玑推出的手动机械腕表，具有计时、飞返 / 逆跳功能。

背景故事

宝玑 2065ST/Z5/398 是宝玑为 2021 年 11 月佳士得举办的“唯一腕表”慈善拍卖会打造的腕表，限量制作 1 枚，以 25 万瑞士法郎的价格成交。宝玑将拍卖所得捐助给了摩纳哥肌肉萎缩症防治协会。宝玑 2065ST/Z5/398 属于 Type XX 系列，该系列是 20 世纪 50 年代宝玑为法国军队制作的 Type 20 表款的民用版。

设计特点

不同于军用版 Type 20 的大型洋葱式表冠，宝玑 2065ST/Z5/398 采用灵感源自第一代民用版 Type XX 的平头式表冠，以及镌刻 12 小时刻度的双向旋转表圈。表盘呈现双眼计时盘布局，3 点位置为加大直径的计分盘，9 点位置为小秒盘，其中副表盘内的细节与 20 世纪 50 年代的版本如出一辙，中央“针筒式”时、分指针的设计，更加显眼。内部搭载的 Valjoux 235 型手动上链机芯延续自 20 世纪 50 年代首批 Type 20 搭载的 Valjoux 222 型，具有 183 个零件、17 颗宝石轴承，以及直线型瑞士杠杆擒纵装置。

宝玑 2065ST/Z5/398 正面特写

宝玑 2065ST/Z5/398 背面特写

伯爵 G0A00685

基本信息	
发布时间	2012 年
表壳材质	白金、钻石
表带材质	白金、钻石
表径	32 毫米

伯爵 G0A00685 是瑞士制表商伯爵推出的女士手动机械腕表，属于非凡珍品系列。

背景故事

伯爵是制表界的佼佼者，从 1874 年诞生以来，伯爵一直秉承“永远做得比要求的更好”的品牌精神，将精湛工艺与无限创意融入每一件作品。同时，伯爵也是珠宝界的翘楚，腕表与珠宝的完美结合一直是伯爵的不懈追求，其成果就是非凡珍品系列腕表。伯爵 G0A00685 是非凡珍品系列中较新的款式，每枚公价高达 1 110 万元人民币。

设计特点

伯爵 G0A00685 的表壳、表圈、表带均为白金镶钻材质，表镜材质为蓝宝石水晶。该腕表采用伯爵 40P 型手动机械机芯，机芯直径为 14.2 毫米，机芯厚度为 2 毫米，共有 97 个零件，装有 19 颗宝石。振频为每小时 21 600 次，动力储备为 36 小时。

伯爵 G0A39140

基本信息	
发布时间	2014 年
表壳材质	白金、钻石
表带材质	白金、钻石
表径	32 毫米

伯爵 G0A39140 是瑞士制表商伯爵推出的女士手动机械腕表，属于高级珠宝腕表系列。

背景故事

高级珠宝腕表系列是伯爵品牌的代表作之一。该系列融合了珠宝和腕表的美学元素，以其高贵的气质和精湛的工艺技术而备受钟表收藏家和珠宝鉴赏家的青睐。高级珠宝腕表系列的工艺技术非常精湛，手工雕刻和镶嵌等工艺过程都经过严格的把控和筛选，使得每枚腕表都是独一无二的艺术品。伯爵 G0A39140 作为高级珠宝腕表系列中的杰作，每枚公价高达 1 110 万元人民币。

设计特点

伯爵 G0A39140 的表壳厚度为 9.9 毫米，防水深度为 30 米。表壳、表圈、表带均为白金镶钻材质，其中表壳镶嵌 26 颗祖母绿型切割美钻（总重约为 8.8 克拉）和 14 颗长方形美钻（总重约为 0.8 克拉），表带镶嵌 210 颗祖母绿型切割美钻（总重约为 44.6 克拉）。表镜材质为蓝宝石水晶。椭圆形表盘镶嵌 52 颗祖母绿切割美钻，总重约为 4.8 克拉。该腕表采用伯爵 430P 型手动机械机芯，机芯厚度为 2.1 毫米，共有 131 个零件，装有 18 颗宝石。振频为每小时 21 600 次，动力储备为 43 小时。

冠蓝狮 SLGT003 Kodo

基本信息	
发布时间	2022 年
表壳材质	白钛、铂金
表带材质	小牛皮
表径	43.8 毫米

冠蓝狮SLGT003 Kodo是日本制表商冠蓝狮推出的男士手动机械腕表，具有动力储备显示、防磁、陀飞轮功能。

背景故事

冠蓝狮 SLGT003 Kodo 腕表在 2022 年的“钟表与奇迹”高级钟表展上首次亮相。该表是冠蓝狮第一款复杂机械腕表作品，也是冠蓝狮第一款镂空机械腕表。它搭载冠蓝狮全新自产 9ST1 机芯，在同一轴上集成恒定动力机制与陀飞轮模块。“Kodo”在日语中意为“心跳”，意指佩戴者从表盘正面能够直接感受腕表“心脏”律动之美。该表限量发行 20 枚，每枚公价为 248 万元人民币。

设计特点

冠蓝狮 SLGT003 Kodo 表壳由铂金和钛合金两种材质制成，双层式表耳经过手工拉丝和抛光处理。全镂空表盘的 12 点位置为偏心时间盘，6 点位置为恒定动力陀飞轮，8 点位置为动力储备指示器。该腕表搭载冠蓝狮 9ST1 手动上链机芯，振频为每小时 28 800 次，双发条盒提供 72 小时动力储备。这枚机芯其实是 2020 年公布的 T0 概念机芯的升级版本，体积更小，性能也更稳定。恒动机制与陀飞轮采用同轴结构，无须通过额外齿轮或组件相连，恒动机制向摆轮输出的动力不会折损。

冠蓝狮 SLGT003 Kodo 正面特写

冠蓝狮 SLGT003 Kodo 表冠特写

江诗丹顿卡里斯泰

基本信息	
发布时间	1979 年
表壳材质	铂金、钻石
表带材质	铂金、钻石
表径	33 毫米

江诗丹顿卡里斯泰（Kallista）是瑞士制表商江诗丹顿于 20 世纪 70 年代推出的高级珠宝腕表。

背景故事

20 世纪 70 年代末，江诗丹顿与法国设计大师雷蒙德・莫列联手，打造了江诗丹顿卡里斯泰高级珠宝腕表。雷蒙德・莫列是西班牙绘画大师巴勃罗・毕加索的好朋友，也是一位著名的现代艺术家。“卡里斯泰”之名源于希腊语，意为“至美之极”。这枚腕表一共镶嵌了 118 颗祖母绿型切割钻石，每颗钻石重量为 1.2 ～ 4 克拉，总重约为 130 克拉。江诗丹顿花费了 6 000 多小时来制作这枚腕表。1979 年，江诗丹顿卡里斯泰腕表问世，每枚公价高达 500 万美元。

设计特点

江诗丹顿卡里斯泰腕表的表壳和表带取自一整块金锭，经艺术大师手工雕刻后将钻石嵌入其中。镶满钻石的表壳和表带融为一体，尽显奢华。这枚腕表以极其复杂的机械工艺著称，从表带、表盘、指针到机芯设计，无不蕴藏着设计师的奇思妙想。

江诗丹顿卡利亚尼亚

基本信息	
发布时间	2009 年
表壳材质	铂金、钻石
表带材质	铂金、钻石
表径	42 毫米

江诗丹顿卡利亚尼亚（Kallania）是瑞士制表商江诗丹顿于 2009 年推出的高级珠宝腕表。

背景故事

2009 年，江诗丹顿为纪念旗下卡里斯泰腕表面世 30 周年，推出了一枚全新的高级珠宝腕表，命名为“卡利亚尼亚”。这枚腕表一共镶嵌了 186 颗祖母绿型切割钻石，总重约为 170 克拉，在珠宝应用和克拉数量两方面都创下了新的世界纪录，每枚公价高达 500 万欧元。在西班牙马德里举行的“2009 时尚珠宝大奖”颁奖礼上，江诗丹顿卡利亚尼亚腕表获得了“最佳珠宝表”。

设计特点

江诗丹顿卡利亚尼亚腕表由铂金雕刻而成的底托上镶有 186 颗祖母绿型切割钻石，这要求制表师具有超人的耐心和毅力，才能完成这枚宛如艺术品的珠宝腕表。腕表上所使用的每一颗钻石都是万里挑一，且通过瑞士珠宝协会的认证，在纯度、色泽、切工等方面都无可挑剔。表壳和表带以精巧的弧度融合，带来优雅流畅的现代气息。这枚腕表搭载该品牌自制的 Calibre 1003 手动上链机芯，这种机芯非常轻薄，并附有日内瓦印记。

江诗丹顿 85250

基本信息	
发布时间	2005 年
表壳材质	白金
表带材质	皮革
表径	40 毫米

江诗丹顿 85250 是瑞士制表商江诗丹顿于 21 世纪初推出的限量版腕表。

背景故事

2005 年，江诗丹顿在其品牌成立 250 周年之际，推出了一款纪念腕表——江诗丹顿 85250，限量生产 500 枚，每枚公价超过 100 万美元。江诗丹顿 85250 是极少数获得授权在表盘上镶嵌日内瓦印记的腕表，在腕表的 4—5 点可以清晰地看到白金日内瓦印记，可见这款腕表的制作工艺已经达到了顶尖水准。

设计特点

江诗丹顿 85250 采用白金表壳，防水深度为 150 米。乳白色表盘搭配精钢指针和刻度，汇集了日期显示、星期显示，整体看起来井然有序，充分体现了江诗丹顿精湛的制表工艺。这款腕表搭载江诗丹顿自产的 2475 SC/1 机芯，拥有 40 小时的动力存储。精美的手工倒角打磨工艺在蓝宝石镜片下一览无余。22K 金的自动摆陀优化了上链效率，同时打造了美妙绝伦的立体格菱纹饰。表带方面，采用鳄鱼皮搭配精钢针扣。

江诗丹顿 85250 正面特写

江诗丹顿 85250 背面特写

江诗丹顿 P30630/S22G—9899

基本信息	
发布时间	2015 年
表壳材质	白金、钻石
表带材质	白金、钻石
表径	48.24 毫米

江诗丹顿 P30630/S22G—9899 是瑞士制表商江诗丹顿推出的男士手动机械腕表，属于马耳他（Malte）系列，具有陀飞轮功能。

背景故事

“马耳他”原是手工制表时代用来调整发条松紧的精密齿轮。1880 年，“马耳他十字”正式成为江诗丹顿品牌的标志。1912 年，为彻底打破怀表传统的圆形设计，江诗丹顿在创新精神的推动下成为首批采用酒桶形表壳的制表商，马耳他系列由此诞生。江诗丹顿 P30630/S22G—9899 是马耳他系列的较新款式，为了向传统致敬，采用了 2.595 赫兹低频率的 2795 型手动机芯，表身上则铺镶了 1000 多颗长方形切割钻石，同时使用了隐秘式珠宝镶嵌技术，每枚公价高达 1012.1 万元人民币。

设计特点

江诗丹顿 P30630/S22G—9899 的表壳厚度为 13.4 毫米，防水深度为 30 米。表壳、表盘、表冠、表带均为白金镶钻材质，表壳镶嵌 228 颗长方形切割钻石，表盘镶嵌 174 颗长方形切割钻石，表冠镶嵌 4 颗长方形切割钻石，表带镶嵌 764 颗长方形切割钻石。表镜材质为蓝宝石水晶。该腕表的机芯厚度为 6.1 毫米，共有 169 个零件，装有 27 颗宝石。振频为每小时 18 000 次，动力储备为 45 小时。

江诗丹顿 P30630/S22G—9899 正面特写

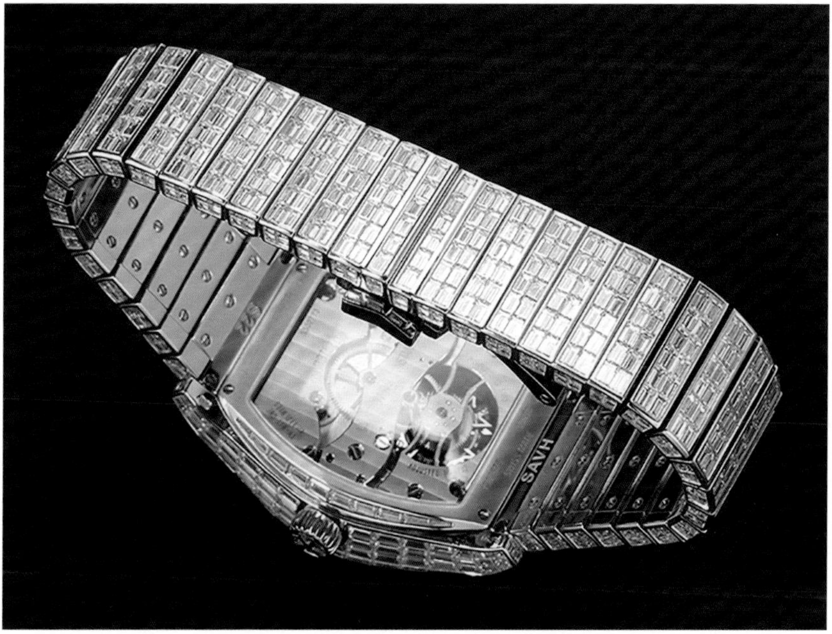

江诗丹顿 P30630/S22G—9899 背面特写

江诗丹顿 81750/S01G—9198

基本信息	
发布时间	2016 年
表壳材质	白金、钻石
表带材质	白金、钻石
表径	45 毫米

江诗丹顿 81750/S01G—9198 是瑞士制表商江诗丹顿推出的女士手动机械腕表，属于艺术大师系列。

背景故事

艺术大师系列是江诗丹顿精湛的手工艺和艺术技巧的集大成之作。这个系列的腕表在设计和制作上都受到了不同领域杰出艺术大师的启发，并与他们合作，使每款腕表都成为独一无二的艺术品。江诗丹顿 81750/S01G—9198 是 2016 年发布的艺术大师系列新作，每枚公价高达 1007 万元人民币。

设计特点

江诗丹顿 81750/S01G—9198 的表壳厚度为 11 毫米，防水深度为 30 米。表壳、表圈、表盘、表带均为白金镶钻材质，表镜材质为蓝宝石水晶。该腕表采用江诗丹顿 1400 型手动机械机芯，机芯直径为 20.65 毫米，机芯厚度为 2.6 毫米，共有 98 个零件，装有 20 颗宝石。振频为每小时 28 800 次，动力储备为 40 小时。

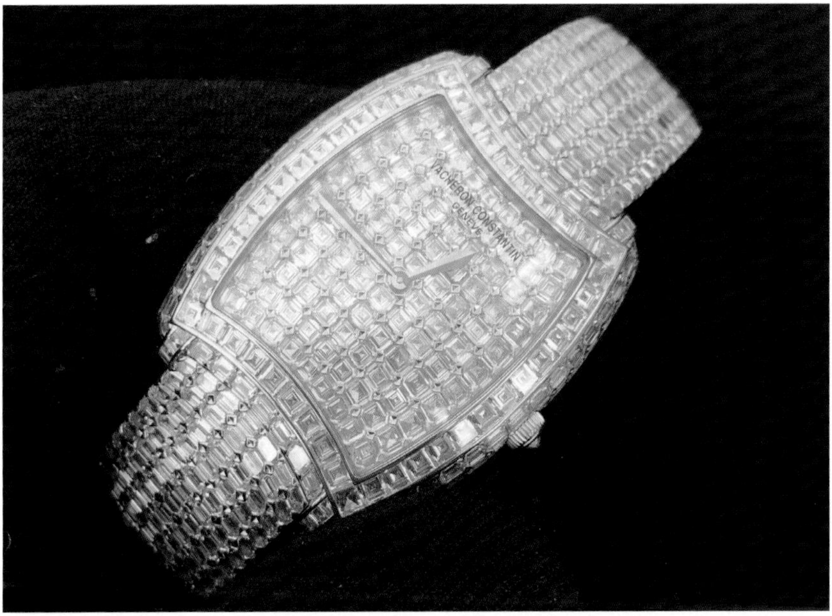

江诗丹顿 81750/S01G—9198 正面特写

江诗丹顿 81750/S01G—9198 侧面特写

江诗丹顿 9700C/000R—B755

基本信息	
发布时间	2022 年
表壳材质	玫瑰金
表带材质	鳄鱼皮
表径	47 毫米

江诗丹顿 9700C/000R—B755 是瑞士制表商江诗丹顿推出的男士手动机械腕表，属于阁楼工匠系列，具有日期显示、星期显示、月份显示、万年历、月相、动力储备显示、陀飞轮、三问等功能。

背景故事

江诗丹顿 9700C/000R—B755 是江诗丹顿在 2022 年发布的第一款腕表，每枚公价高达 2 750 万元人民币。该腕表以“酒神”为主题，其表盘文字的紫红色调、表圈雕刻的葡萄藤叶以及红宝石镶嵌的葡萄图案，都是在向罗马神话中的酒神巴克斯致敬。整个雕刻过程由两位工艺大师（手工雕刻师、珠宝镶嵌师）接力完成，共历时 300 多小时。

设计特点

江诗丹顿 9700C/000R—B755 的表壳厚度为 19.1 毫米。表壳、表圈、表冠、表扣均为玫瑰金材质，表镜材质为蓝宝石水晶，乳光香槟色表盘配备了玫瑰金时标和玫瑰金指针。表壳镶嵌了 113 颗寓意葡萄果实的红宝石，总重约 1.84 克拉。表圈饰有手工雕刻的葡萄藤叶纹饰。该腕表采用江诗丹顿 2755 GC16 型手动机械机芯，机芯厚度为 12.15 毫米，共有 839 个零件，装有 42 颗宝石。振频为每小时 18 000 次，动力储备为 58 小时。

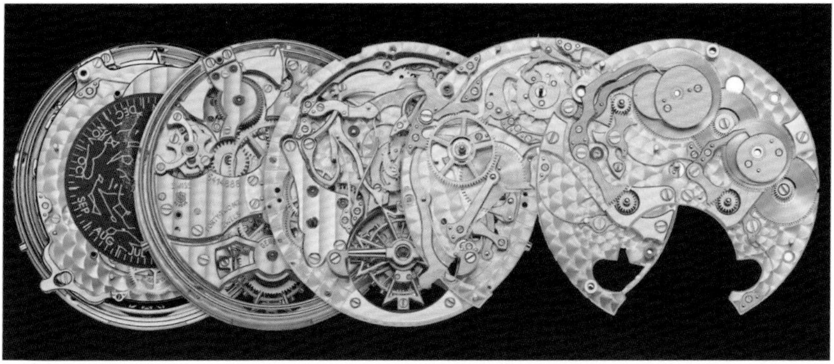

江诗丹顿 9700C/000R—B755 的机芯特写

江诗丹顿 9700C/000R—B755 侧面特写

积家 Hybris Mechanica 55

大自鸣腕表

基本信息（大自鸣腕表）	
发布时间	2009 年
表壳材质	白金
表带材质	皮革
表径	45 毫米

积家 Hybris Mechanica 55 是积家于 2009 年推出的套表，每套共有 3 枚，包括大自鸣腕表、球体形陀飞轮腕表和三面翻转腕表。

背景故事

双翼（Dual-Wing）系列、大师（Master）系列和翻转（Reverso）系列是积家最重要的三个产品系列，被戏称为“积家三剑客”。2009 年，积家以三个系列为原型打造出三款超级复杂的功能腕表，统称为 Hybris Mechanica 55。三款腕表均是各自系列中最复杂的款式，共计 55 项复杂功能。2009—2014 年，积家共制作了 30 套，2010 年 9 月开始交货。积家还为其配备了一个同样奢华的立式保险箱。保险箱可为腕表上链，并可将腕表的报时声音通过一套特殊的无线系统传递出来。

设计特点

大自鸣腕表拥有 26 项复杂功能，堪称时计工具翘楚之作，其表盘由两部分构成，并设有一个窗口，用于观察大自鸣腕表的机芯。该腕表采用翻转变位的独特设计，通过其蓝宝石水晶底盖，可以欣赏陀飞轮的运转以及音锤的曼妙舞姿。

球体形陀飞轮腕表的机芯配备了绕着双轴旋转的双框架陀飞轮，因此在所有三维空间的平衡摆轮中，可抵消因地心引力所带来的影响。在其镂空表盘上，有搭载 4 枚逆跳式指针的万年历，也有可由用户调节至世界任何地区的时间等式功能。底座与顶端的双发条盒，可提供长达 192 小时的动力储备。

球体形陀飞轮腕表

三面翻转腕表是三款腕表中造型最独特，也最具积家品牌基因的一款。该腕表整合了 19 项复杂功能，包括平均太阳时、恒星时、黄道十二宫年历、天象图、时间等式以及可由用户自行设置地点的日出 / 日落时间等。底盖盘面可显示逆跳式日期与月相万年历，并通过转换系统将其连接至机芯，可在午夜瞬间跳转。

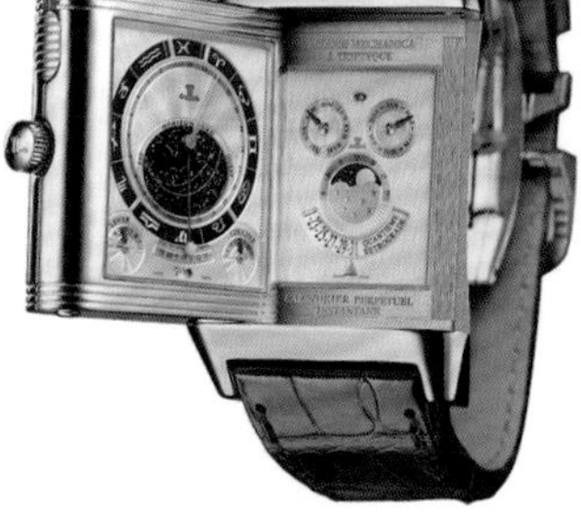

三面翻转腕表

积家 5032441

基本信息	
发布时间	2019 年
表壳材质	玫瑰金
表带材质	鳄鱼皮
表径	43.5 毫米

积家 5032441 是瑞士制表商积家推出的男士手动机械腕表，属于超卓复杂功能系列，具有日期显示、计时、陀飞轮等功能。

背景故事

积家超卓复杂功能系列是积家顶级的机械手表系列，由多款复杂功能腕表组成。这些腕表都具有很高的制表工艺和技术水平，展现了积家在高级机械腕表制作方面的精湛技艺和卓越创新。2019 年 10 月发布的积家 5032441 是积家超卓复杂功能系列的杰出代表，限量发行 18 枚，每枚公价高达 4 750 万元人民币。

设计特点

积家 5032441 的表壳厚度为 15.8 毫米，防水深度为 50 米。表壳、表圈、表冠、表扣均为玫瑰金材质，表镜材质为蓝宝石水晶，表盘材质为砂金石、白色珐琅、陨石、手工玑镂饰纹昼夜显示。该腕表采用积家 176 型手动机械机芯，机芯厚度为 11.15 毫米，共有 592 个零件，装有 82 颗宝石。振频为每小时 21 600 次，动力储备为 45 小时。

积家 5032441 表盘特写

积家 5032441 俯视图

卡地亚 WM505014

基本信息	
发布时间	2011 年
表壳材质	钯金、钻石
表带材质	鳄鱼皮
表径	54.9 毫米

卡地亚 WM505014 是法国制表商卡地亚推出的男士手动机械腕表，属于山度士系列。

背景故事

山度士系列的历史可以追溯到 100 年前，1904 年卡地亚为法国飞行家先驱阿尔伯特·山度士·杜蒙设计了人类历史上第一枚现代意义的腕表，并以其名字“山度士”命名。此后，山度士系列不断进行改款升级，为适应每个时代的不同审美在外观上作出细微调整。2011 年，卡地亚推出了一款特别的山度士三面一体翻转字面腕表，编号为卡地亚 WM505014，限量发行 50 枚，每枚公价高达 235 万元人民币。该腕表的表盘采用三面设计，可以通过调节腕表把头来显示不同的字面，包括罗马刻度、钻石、鹰首三种字面。同时也可以根据客户的要求定制字面。

设计特点

卡地亚 WM505014 的表壳厚度为 16.5 毫米，防水深度为 100 米。表壳、表冠、表扣（折叠扣）均为钯金材质，其中表壳镶嵌了多颗圆钻，表冠也镶嵌了一颗钻石。表镜材质为蓝宝石水晶。该腕表采用卡地亚 9611 MC 型手动机械机芯，机芯厚度为 3.97 毫米，共有 138 个零件，装有 20 颗宝石。振频为每小时 28 800 次，动力储备为 72 小时。

劳力士 54419

基本信息	
发布时间	2007 年
表壳材质	白金
表带材质	皮革
表径	45 毫米

劳力士 54419 是瑞士制表商劳力士推出的男士手动机械腕表，属于切利尼系列。

背景故事

切利尼系列名称源于意大利文艺复兴时期的艺术家本韦努托 • 切利尼。这个系列集专业技术与精巧工艺于一身，充分体现劳力士制表传统的隽永之处。凭借简洁优雅的线条、高贵瑰丽的材质，以及精致奢华的修饰，切利尼系列腕表的各个细节均符合制表工艺法则。劳力士 54419 是切利尼系列中价格较高的一款，每枚公价为 20.98 万元人民币。

设计特点

劳力士 54419 的表壳厚度为 9 毫米，防水深度为 100 米。表壳、表圈、表冠、表扣（蝴蝶扣）均为白金材质，表镜材质为蓝宝石水晶。方形银色表盘上密镶钻石，时标为罗马数字。表底采用背透设计。该腕表采用劳力士 7040—3 型手动机械机芯，拥有瑞士天文台认证，动力储备为 72 小时。

劳力士 4113

基本信息	
发布时间	1942 年
表壳材质	不锈钢
表带材质	皮革
表径	44 毫米

劳力士 4113 是瑞士制表商劳力士于 20 世纪 40 年代推出的双追计时腕表。

背景故事

劳力士 4113 诞生于 1942 年，共制作了 12 枚，从 051313 到 051324 连续编号。事实上，劳力士 4113 并未正式发售，而是被赠送给相关的赛车手。考虑到劳力士 4113 的尺寸，赛车手很可能身穿赛车服，外戴腕表；或者由维修区的团队成员操作。时至今日，劳力士 4113 已成为颇受青睐的古董腕表。2013 年 5 月佳士得举办的拍卖会中，一枚劳力士 4113 以 110.8 万瑞士法郎的价格成交。

设计特点

劳力士 4113 是劳力士历史上第一款带有双追计时功能的腕表，也是当时劳力士功能最复杂的腕表。普通的计时腕表只能记录一段时间，而双追计时腕表能记录两段相差在 60 秒范围内的时间。双追功能需要的零件很多，所以在怀表上比较常见，在空间狭小的腕表上则很少见。劳力士 4113 没有采用劳力士自制机芯，而是采用 Valjoux 55 VBR 机芯。与其他搭载 Valjoux 55 VBR 机芯的腕表相比，劳力士 4113 不仅增加了额外功能，表壳也相对较薄。该腕表的中央按钮负责启动计时，2 点位置的按钮负责激活双追针，4 点位置的按钮负责重置计时。

劳力士 4113 的机芯特写

劳力士 4113 佩戴效果

劳力士 6239“保罗 • 纽曼”

基本信息	
发布时间	1963 年
表壳材质	不锈钢
表带材质	不锈钢
表径	37 毫米

劳力士 6239“保罗 • 纽曼”（Paul Newman）是瑞士制表商劳力士于 20 世纪 60 年代推出的腕表，属于迪通拿系列。

背景故事

劳力士 6239 于 1963 年上市，起初并不畅销，直到好莱坞巨星保罗 • 纽曼佩戴之后才开始流行。自此，凡是保罗 • 纽曼同款的劳力士 6239 都被劳力士官方称为“保罗 • 纽曼迪通拿”。只不过保罗 • 纽曼佩戴过的这枚腕表，表背上有他的妻子名字的刻字。2017 年 10 月，这枚腕表在美国纽约富艺斯拍卖行进行慈善拍卖，最终成交价高达 1550 万美元（不含佣金），一举打破“史上最贵不锈钢腕表”“史上最贵拍卖腕表”“史上最贵的劳力士”“史上最贵迪通拿”等世界纪录。

设计特点

劳力士 6239 的表径为 37 毫米，虽然跟动辄 48 毫米表径的当下潮流相差甚远，但在当时流行 31 ～ 33 毫米表径的年代，37 毫米的尺寸已经算是“庞然大物”了。劳力士 6239 在上市三年后更换了全新设计的“Exotic Dial”表盘。它采用了与迪通拿传统表盘不同的设计，包括彩色计时器、方格刻度、外圈刻度等。

劳力士 6239“保罗·纽曼”正面特写

劳力士 6239“保罗·纽曼”佩戴效果

劳力士 6263“蚝式白化”

基本信息	
发布时间	1971 年
表壳材质	不锈钢
表带材质	不锈钢
表径	37 毫米

劳力士 6263“蚝式白化”（Oyster Albino）是瑞士制表商劳力士于 20 世纪 70 年代推出的腕表，属于迪通拿系列。

背景故事

劳力士 6263“蚝式白化”迪通拿腕表于 1971 年上市，迄今为止只出现过 4 枚。2015 年，美国音乐家埃里克 • 克莱普顿收藏的一枚劳力士 6263“蚝式白化”迪通拿腕表以 132.5 万瑞士法郎的价格拍出，为他赢得丰厚回报，因为他购入这枚腕表的价格仅为 50.5 万美元。

设计特点

劳力士 6263“蚝式白化”迪通拿腕表的独特之处在于：计时功能子表盘及小秒盘不是黑底搭配白色印刷刻度，而是与表盘其他部分相同的银白色，这也是它得名“白化”的原因。在银白色背景、黑色测速表圈的映衬下，子表盘的计时蓝钢指针愈加鲜明。

劳力士 6263“蚝式白化”上手效果

劳力士 6263“蚝式白化”表盘特写

理查德米勒 RM 021

基本信息	
发布时间	2010 年
表壳材质	钛合金
表带材质	橡胶
表径	48.18 毫米

理查德米勒 RM 021 是瑞士制表商理查德米勒推出的手动机械腕表，具有动力储备显示、陀飞轮、全镂空等功能。

背景故事

理查德米勒 RM 021 是一款凝聚了创新和野心的作品，编号 21 即代表 21 世纪。其机芯基板应用了一种名为“正交铝化钛”的新型蜂窝状合金，该合金具备特殊的晶体分子结构。美国国家航空航天局通过研究发现，将它制成蜂窝几何形状后，拥有无与伦比的硬度、较低的高温膨胀系数和非凡的抗扭转能力，故将其作为超音速飞机机翼的核心材料。理查德米勒将这种神奇的蜂窝状合金引入高级制表领域，改变了传统机芯的平面基板模式，发条盒和陀飞轮均被置于这一空气动力学结构的中央深处。

设计特点

理查德米勒 RM 021 的表壳厚度为 13.95 毫米，防水深度为 50 米。表壳材质为钛合金，表镜材质为蓝宝石水晶。该腕表采用理查德米勒自制机芯，机芯厚度为 6.35 毫米，装有 27 颗宝石。振频为每小时 21 600 次，拥有 70 小时的动力储存，由 11 点至 12 点的动力储存发条盒指示。表盘上还具有时、分显示，扭矩指示器和功能选择器。

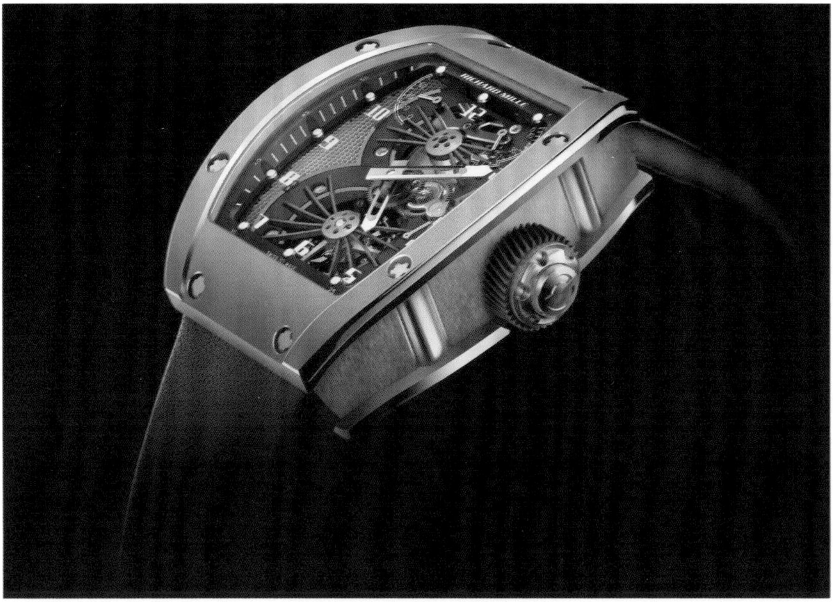

理查德米勒 RM 021 正面特写

理查德米勒 RM 021 背面特写

理查德米勒 RM 051

基本信息	
发布时间	2011 年
表壳材质	白金、钻石
表带材质	皮革
表径	48 毫米

理查德米勒 RM 051 是瑞士制表商理查德米勒推出的女士手动机械腕表，具有动力储备显示、陀飞轮等功能。

背景故事

理查德米勒 RM 051 是理查德米勒和著名华裔影星杨紫琼合作研发的女士腕表，在迷人优雅的外观中融入卓越的技术性能。该腕表以凤凰为灵感，在中国神话里，凤凰本身就带有女性特质，同时也是百鸟之王。不同于娇小的黄莺、优雅的天鹅，凤凰所代表的是华丽的气质和浴火重生的勇气。理查德米勒 RM 051 限量发行 18 枚，每枚公价约 390 万元人民币。

设计特点

理查德米勒 RM 051 的表壳厚度为 12.8 毫米，防水深度为 50 米。表壳镶嵌璀璨美钻，并将机芯与发条盒、动力储存显示和陀飞轮和谐地收拢在方寸之间。该表的另一个特色是采用黑色缟玛瑙制成的底板，缟玛瑙为一条带条纹的玉髓，属于隐晶质石英，主要成分为二氧化硅。这种宝石能吸收负能量，使佩戴者平心静气、灵感迸发。该腕表采用理查德米勒自制机芯，机芯厚度为 4.97 毫米，装有 21 颗宝石。振频为每小时 21 600 次，动力储备为 48 小时。

理查德米勒 RM 051 正面特写

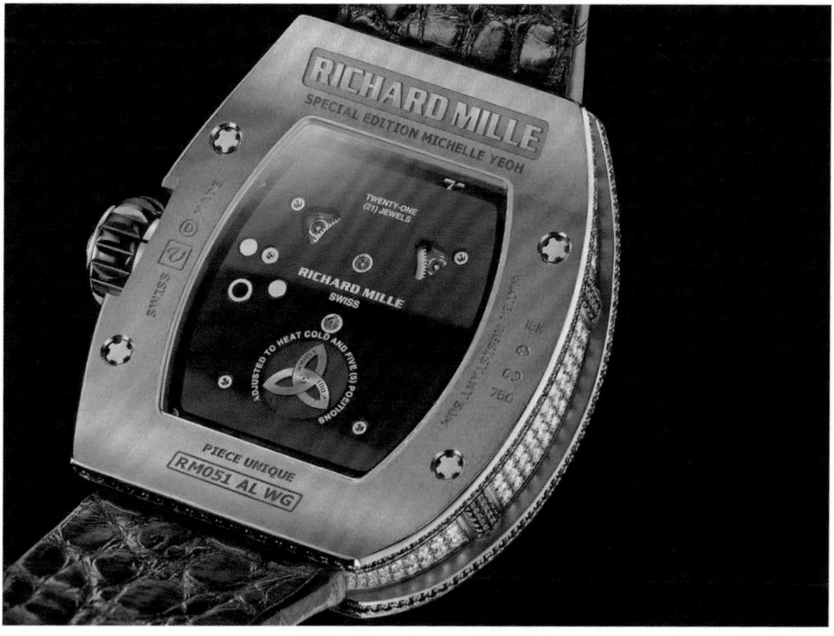

理查德米勒 RM 051 背面特写

理查德米勒 RM 056

基本信息	
发布时间	2011 年
表壳材质	蓝宝石水晶
表带材质	橡胶
表径	50 毫米

理查德米勒 RM 056 是瑞士制表商理查德米勒推出的男士手动机械腕表，具有大日历、计时、追针、动力储备显示、陀飞轮、全镂空等功能。

背景故事

理查德米勒 RM 056 是理查德米勒为纪念品牌与巴西 F1 赛车手菲利普·马萨合作十周年而推出的限量版腕表，其表圈、表环和表壳底盖采用整块蓝宝石水晶切割打磨而成，既满足了强度和舒适性要求，又兼顾了外形美观，这也是理查德米勒首次运用蓝宝石水晶材质实现如此复杂的表壳设计。该表限量发行 5 枚，每枚公价高达 1718.3 万元人民币。

设计特点

理查德米勒 RM 056 采用的蓝宝石水晶是一种极其抗划伤的材料，达到 9.0 级莫氏硬度。它采用氧化铝晶体制成，它的分子组成是透明的。该腕表的表圈和表壳底盖均经过防眩镀层处理，酒桶形表壳则采用 20 颗 5 级钛合金花键螺丝及抗磨损 316L 不锈钢垫圈组装而成。扭矩限定表冠有助于强化安全系数，防止意外过度上链。

理查德米勒 RM 056 背面特写

理查德米勒 RM 056 上手效果

理查德米勒 RM 26—01

基本信息	
发布时间	2013 年
表壳材质	白金、钻石
表带材质	鳄鱼皮
表径	47 毫米

理查德米勒 RM 26—01 是瑞士制表商理查德米勒推出的女士白金镶钻腕表。

背景故事

2011 年，理查德米勒在日内瓦高级钟表沙龙上推出的 RM 026 陀飞轮腕表，被誉为高级钟表与高级珠宝的完美组合。2013 年，理查德米勒推出大熊猫图案的 RM 26—01 腕表，为 RM 系列钟表又增添一款新品。这款腕表限量发行 30 枚，每枚公价为 1937.1 万元人民币。

设计特点

理查德米勒 RM 26—01 的陀飞轮机芯底板采用黑色缟玛瑙制成。镂空表盘上端坐的啃竹子的熊猫造型以白金打造，镶满钻石和黑色蓝宝石，与陀飞轮结合在一起。熊猫身边还装饰了几枝经过手工上色的黄金雕刻的竹子。

理查德米勒 RM 26—01 侧面特写

理查德米勒 RM 26—01 表盘特写

理查德米勒 RM 56—01

基本信息	
发布时间	2013 年
表壳材质	蓝宝石水晶
表带材质	复合材料
表径	50.5 毫米

理查德米勒 RM 56—01 是瑞士制表商理查德米勒推出的男士手动机械腕表，具有大日历、计时、动力储备显示、陀飞轮等功能。

背景故事

理查德米勒曾与法国知名珠宝商宝诗龙合作开发了 RM 018 和 RM 056 两款腕表，在此过程中对蓝宝石水晶材质进行了深入研究。2013 年，理查德米勒推出了一款有着透明机芯的杰作——理查德米勒 RM 56—01。该腕表采用蓝宝石水晶表壳，表带采用一种称作“Aerospacenano”的全新材料，利用纳米科技制成，有着出色的透明性与耐用性。由于加工非常困难，该表限量发行 5 枚，每枚公价高达 1787.4 万元人民币。

设计特点

理查德米勒 RM 56—01 的表壳厚度为 16.75 毫米，防水深度为 30 米。其表圈、主表盘以及底盖等部件都是由整块的蓝宝石水晶凿刻琢磨而成，必须经过 40 天昼夜不停的加工，才能完成这枚不需任何外在结构组装的表壳，而且还必须特别添购一台专门用来加工理查德米勒 RM 56—01 的电脑辅助工程加工设备。

理查德米勒 RM 56—01 侧面特写

理查德米勒 RM 56—01 背面特写

理查德米勒 RM 51—01

基本信息	
发布时间	2014 年
表壳材质	白金、钻石
表带材质	鳄鱼皮
表径	48 毫米

理查德米勒 RM 51—01 是瑞士制表商理查德米勒推出的女士手动机械腕表，具有动力储备显示、陀飞轮等功能。

背景故事

理查德米勒与杨紫琼的合作始于 2011 年，在后者的积极参与下，双方共同创作出理查德米勒 RM 051 凤凰陀飞轮这款具有象征意义的时计腕表。2014 年，为了庆祝杨紫琼拍摄的新片《卧虎藏龙 2》，双方再次合作研发了理查德米勒 RM 51—01 腕表。这次，杨紫琼希望以龙虎相争的象征性主题为主要的视觉设计，重新演绎整合于腕表机芯中的造型和具象概念，呈现龙、虎紧紧抓住陀飞轮机芯的形象。理查德米勒 RM 51—01 限量发行 20 枚，每枚公价高达 764.1 万元人民币。

设计特点

理查德米勒 RM 51—01 的表壳厚度为 12.8 毫米，防水深度为 50 米。表壳、表圈、表冠均为白金镶钻材质。其中，表壳搭配了 5 级钛花键螺钉、不锈钢耐磨垫圈。表镜材质为蓝宝石水晶，表盘中的龙、虎造型采用 3N 红金材质，且以纯手工方式精雕细刻而成。该腕表采用理查德米勒自制机芯，机芯直径为 32.8 毫米，机芯厚度为 5.17 毫米，装有 21 颗宝石。振频为每小时 21 600 次，动力储备为 48 小时。

理查德米勒 RM 51—01 侧面特写

理查德米勒 RM 51—01 背面特写

理查德米勒 RM 56—02

基本信息	
发布时间	2014 年
表壳材质	蓝宝石水晶
表带材质	橡胶
表径	50.5 毫米

理查德米勒 RM 56—02 是瑞士制表商理查德米勒推出的男士手动机械腕表，具有大日历、计时、陀飞轮、全镂空等功能。

背景故事

理查德米勒 RM 56—02 在继承理查德米勒 RM 056、RM 56—01 等蓝宝石水晶腕表透明设计的同时，还巧妙地借鉴了理查德米勒 RM 27—01 的钢缆悬吊式机芯，不仅提升了腕表的观赏效果，也大幅增强了腕表的机械工艺性能。理查德米勒 RM 56—02 限量发行 10 枚，每枚公价高达 1684.9 万元人民币。

设计特点

理查德米勒 RM 56—02 的表壳厚度为 16.75 毫米，防水深度为 30 米。该腕表的底板采用 5 级钛合金制成，搭配专门开发、厚度仅为 0.35 毫米的单股编织钢缆，完全悬吊在蓝宝石水晶表壳内。钢缆与位于机芯角落的 4 枚滑轮，以及沿着机芯外围固定的 6 枚滑轮，彼此交织缠绕。位于 9 点位置的微型棘轮则负责有效控制钢缆的张力。整个钢缆组件都连接到位于 12 点位置下方的独立指示器，有利于轻松判读钢缆的拉伸张力，确保其始终在指定的标准内运行。

理查德米勒 RM 56—02 正面特写

理查德米勒 RM 56—02 背面特写

理查德米勒 RM 27—04

基本信息	
发布时间	2020 年
表壳材质	高性能聚酰胺
表带材质	织物
表径	毫米

理查德米勒 RM 27—04 是瑞士制表商理查德米勒推出的男士手动机械腕表，具有防磁功能。

背景故事

理查德米勒 RM 27—04 是为了庆祝品牌与西班牙网球冠军拉斐尔·纳达尔合作十周年而推出的限量版腕表。理查德米勒在为拉斐尔·纳达尔研发腕表的过程中，始终追求轻盈和耐用，理查德米勒 RM 27—04 也不例外，它连同表带在内的重量仅有 30 克。该表限量发行 50 枚，每枚公价高达 806.9 万元人民币。

设计特点

理查德米勒 RM 27—04 的机芯采用了在制表领域中前所未有的微喷筛网结构。855 平方毫米的筛网由一根直径仅为 0.27 毫米的单芯编织钢缆组成，并由 2 个经过 PVD 或 5N 处理的螺丝张紧器固定，可完整支撑整个机芯。悬挂在表壳中央的机芯设计，让理查德米勒 RM 27—04 得以承受超过 12 000 g 的加速度，创下理查德米勒品牌耐力新纪录。该表的表盘采用了网球拍状的设计，网格状的表盘与陀飞轮机械交织，体现出独特的美感。

理查德米勒 RM 27—04 表盘特写

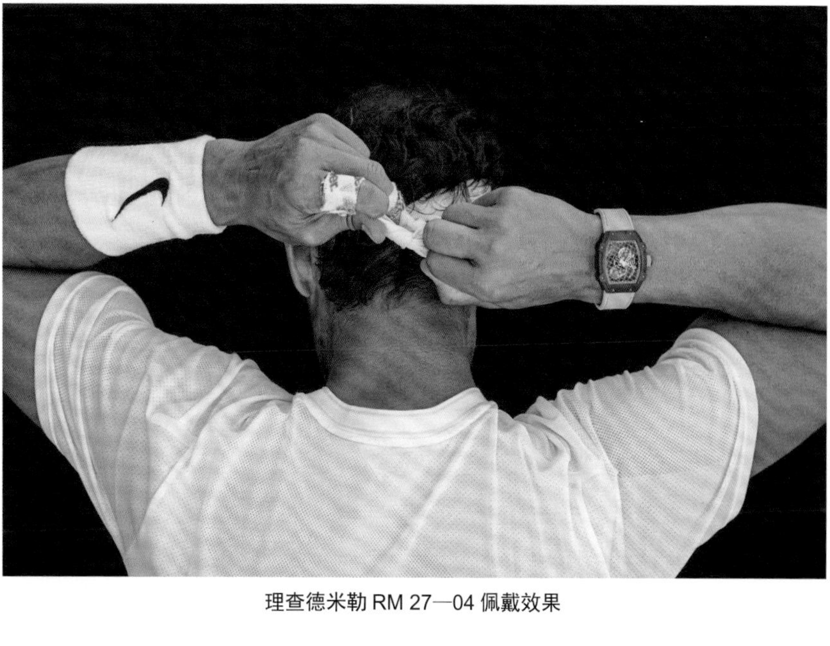

理查德米勒 RM 27—04 佩戴效果

理查德米勒 RM UP—01

基本信息	
发布时间	2022 年
表壳材质	钛合金
表带材质	橡胶
表径	51 毫米

理查德米勒 RM UP—01 是瑞士制表商理查德米勒推出的男士手动机械腕表。

背景故事

20 世纪以来，世界著名钟表商纷纷开发自己的超轻薄腕表系列，腕表的厚度越来越薄。从 20 毫米到 10 毫米，从 7 毫米到 5 毫米，最终到 3 毫米以内，整个 20 世纪，制表业不断打破“最薄”的纪录，但始终未能突破 2 毫米的极限。到了 21 世纪，制表业不仅突破了 5 赫兹高振频机芯的制作大关，在轻薄腕表的制作上也突破了 2 毫米的极限。2022 年，理查德米勒携手意大利著名汽车制造商法拉利推出了限量发行 150 枚、厚度仅有 1.75 毫米的理查德米勒 RM UP—01，再次刷新了 1.8 毫米的世界纪录。该表每枚公价为 1440.8 万元人民币。

设计特点

理查德米勒 RM UP—01 与众不同的机芯厚度仅为 1.18 毫米、重 2.82 克，但动力储备可长达 45 小时。腕表的手动上链机芯具有时、分显示及功能选择器，可承受高达 5 000g 的加速度冲击，完全满足设计所需的可靠与轻薄。其底板和桥板由常用于航空航天和汽车制造领域的 5 级钛合金打造而成，确保齿轮传动系统的流畅高效运作。

理查德米勒 RM UP—01 的超薄机芯

理查德米勒 RM UP—01 佩戴效果

理查德米勒 RM 66

基本信息	
发布时间	2023 年
表壳材质	钛合金
表带材质	橡胶
表径	49.94 毫米

理查德米勒 RM 66 是瑞士制表商理查德米勒推出的男士手动机械腕表，具有陀飞轮功能。

背景故事

理查德米勒 RM 66 腕表由理查德米勒创意与发展总监塞西尔·盖纳以“恶魔角”的金属礼手势为灵感设计构思：食指和小指伸展开，从背面可以看到拇指将中指和无名指按住。手上的五根手指先经铣削后，转至雕刻师手中继续进行手工制作。这项雕刻工艺由日内瓦雕刻名家奥利维尔·沃谢完成。理查德米勒 RM 66 限量发行 50 枚，每枚公价为 834.8 万元人民币。

设计特点

理查德米勒 RM 66 的表壳厚度为 16.15 毫米，防水深度为 50 米。表壳、表圈、表冠、表扣均为钛合金材质，其中表壳还搭配了碳纤维、5N 红金、316L 精钢等材料。表冠配有黑色橡胶垫圈，并镶嵌了一颗红宝石。表镜材质为蓝宝石水晶。表盘材质为 5N 红金。该表采用理查德米勒自制机芯，机芯厚度为 5.68 毫米，装有 17 颗宝石。振频为每小时 21600 次，动力储备为 72 小时。

制作中的理查德米勒 RM 66

理查德米勒 RM 66 佩戴效果

朗格 239.050

基本信息	
发布时间	2020 年
表壳材质	蜂蜜金
表带材质	鳄鱼皮
表径	38 毫米

朗格239.050是德国制表商朗格推出的男士手动机械腕表，属于1815系列。

背景故事

1845 年 12 月 7 日，30 岁的费尔迪南多 • 阿道夫 • 朗格在德累斯顿以南的原采矿区设立了第一间怀表工坊，为萨克森的精密制表业奠下基石。2020 年 9 月，朗格推出三款限量版腕表，均以“致敬费尔迪南多 • 阿道夫 • 朗格”命名，以此纪念这一历史里程碑的 175 周年。三款限量版腕表包括 1815 纤薄腕表 18K 蜂蜜金款、1815 追针腕表 18K 蜂蜜金款，以及 TOURBOGRAPH 陀飞轮追针计时万年历腕表 18K 蜂蜜金款。其中 1815 纤薄腕表 18K 蜂蜜金款的编号为朗格 239.050，限量发行 175 枚，每枚公价为 29.3 万元人民币。

设计特点

朗格 239.050 的表壳采用朗格独家研发的 18K 蜂蜜金打造，配备白色珐琅表盘，以及经过精心修饰的独特机芯。腕表的指针和表扣也采用 18K 蜂蜜金，此合金为朗格独家研发与运用，添加特殊的合金与进行特殊热处理增加了此金属的硬度，因此比其他类型的 18K 合金更加耐磨。醒目的白色珐琅表盘采用两个盘面设计。表盘印有深灰色的阿拉伯数字，经典的火车轨分钟刻度与浅色的表盘背景形成鲜明的对比。

朗格 239.050 背面特写

朗格 239.050 佩戴效果

朗格 414.049

基本信息	
发布时间	2021 年
表壳材质	白金
表带材质	皮革
表径	39.5 毫米

朗格 414.049 是德国制表商朗格推出的手动机械腕表，属于 1815 系列，具有计时、飞返 / 逆跳等功能。

背景故事

2021 年 10 月，“埃斯特庄园优雅竞赛”古董车展在意大利科莫湖畔举行，作为长期合作伙伴，朗格特别制作了一枚 1815 系列计时码表鲑鱼盘孤品版（编号为朗格 414.049），以此嘉奖“最佳车款”优胜者。该腕表以现有 1815 系列计时码表为原型，保留了经典的设计和规格。表壳采用白金制成，与表盘形成鲜明对比。底盖镌刻“埃斯特庄园优雅竞赛”古董车展的标志，以及“1929—2021”的字样。

设计特点

与常规款式相比，孤品版的最大特色在于表盘的材质和配色。玫瑰金的使用赋予盘面华丽的鲑鱼色，再结合棕色子表盘，与常规款式的银色或黑色配色方案大相径庭。金质时分指针，精钢飞返计时秒针、小秒针和 30 分钟计时指针均经过镀铑处理，确保时间信息清晰易读。该表搭载 L951.5 手动上链机芯，可提供 60 小时动力储备，计时精度可达 1/5 秒。和“最佳车款”一样，朗格 414.049 也是机械与美学完美结合的典范杰作。

朗格 414.049 背面特写

朗格 414.049 佩戴效果

朗格 211.088

基本信息	
发布时间	2021 年
表壳材质	玫瑰金
表带材质	皮革
表径	40.4 毫米

朗格 211.088 是德国制表商朗格推出的手动机械腕表，属于萨克森系列。

背景故事

朗格 211.088 是一款纤薄腕表，实心银表盘饰以蓝色砂金石玻璃，内含微小的铜色颗粒，宛如星光熠熠的夜空。这种精致的砂金石玻璃手工艺起源于 17 世纪的威尼斯。铜颗粒被灌注到熔融的玻璃中，随着加热时火焰逐渐减弱，这些铜颗粒会形成微小的晶体。要使用这种材质制作表盘，必须谨慎地将其覆涂至实心银表盘之上。朗格 211.088 限量发行 50 枚，每枚公价为 21.2 万元人民币。

设计特点

朗格 211.088 秉承“少即是多”的设计法则。玫瑰金表壳的厚度仅有 6.2 毫米。表耳采用别具匠心的弧度设计，令腕表能够优雅地贴合手腕。细长的时针、分针及小时刻度均以玫瑰金制成，与表壳材质相得益彰。纤细的表圈设计使砂金石玻璃表盘格外引人注目，其所呈现的光学效应，仿佛透过望远镜欣赏星空美景般闪耀。亮面深蓝色皮革表带搭配实心玫瑰金针扣，更加凸显该表的优雅风范。该表搭载的 L093.1 手动上链机芯，仅厚 2.9 毫米，是朗格迄今为止最纤薄的机芯，可提供 72 小时动力储存。

朗格 211.088 背面特写

朗格 211.088 佩戴效果

朗格 425.025

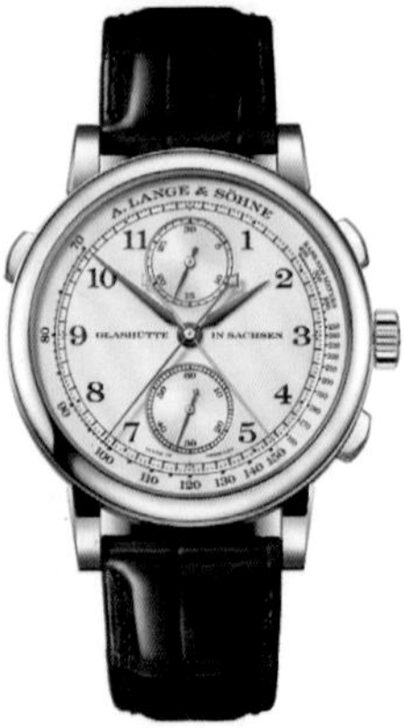

基本信息	
发布时间	2022 年
表壳材质	铂金
表带材质	鳄鱼皮
表径	41.2 毫米

朗格 425.025 是德国制表商朗格推出的手动机械腕表，属于 1815 系列，具有计时、追针功能。

背景故事

朗格 425.025 是 2022 年上市的朗格 1815 系列全新表款，以追针计时为重点，搭载特别研制的 L101.2 手动上链机芯，不仅为独树一帜的表盘设计奠定基础，更彰显朗格特立独行的决心。凭借朗格 425.025，朗格制表师再次展现了在短时测量方面的专业技艺。该表限量发行 200 枚，每枚公价为 124.6 万元人民币。

设计特点

朗格 425.025 延续了传统风格元素，包括外圈火车轨分钟刻度和醒目的阿拉伯数字。其精巧复杂的机械装置可测量 1 分钟内随机次数的分段计时，拓展了经典计时码表的功能。为此，该表设有两枚叠置的计时指针，分别为中央计时指针和中央追针指针。当按下 2 点位置的按钮时，两枚指针即同时启动。中央追针指针可独立于中央计时指针停止，然后与之重新同步。此程序可于测量分段计时时使用，也可无限次重复。

朗格 425.025 背面特写

朗格 425.025 佩戴效果

朗格 142.031

基本信息	
发布时间	2022 年
表壳材质	玫瑰金
表带材质	鳄鱼皮
表径	41.9 毫米

朗格 142.031 是德国制表商朗格推出的手动机械腕表，属于 ZEITWERK 系列。

背景故事

2009 年，朗格推出首款 ZEITWERK 时间机械腕表，令全球制表行业为之惊叹。这款腕表运用前所未见的设计概念，以大型跳字显示小时和分钟，并将其恒定动力擒纵系统作为振动控制器。时至今日，这种清晰易读、风格前卫的时间显示功能依然无可比拟，彰显朗格不断突破技术极限的雄心。2022 年，ZEITWERK 时间机械腕表推出了全新的玫瑰金款，编号为朗格 142.031，每枚公价为 79.9 万元人民币。同时，其还推出了编号为朗格 142.025 的铂金款，每枚公价为 92.4 万元人民币。

设计特点

朗格 142.031 搭载经过革新的朗格 L043.6 手动上链机芯，动力储存增加至 72 小时，更加便利易用。其颠覆性的设计理念也经巧妙的重新演绎，风格倍加鲜明。如魔法般的大型分钟跳字数字显示，由拥有 7 项专利技术的可靠机芯精准操控。以德国银制成的时间桥是朗格 142.031 的核心设计元素。其秉承传统，采用这一材料制作如桥板和夹板等机芯框架组件，以此表明时间桥也属于机芯的一部分。

朗格 142.031 副表盘特写

朗格 142.031 佩戴效果

朗格 606.079

基本信息	
发布时间	2022 年
表壳材质	铂金
表带材质	皮革
表径	39 毫米

朗格 606.079 是德国制表商朗格推出的手动机械腕表，属于理查德朗格系列。

背景故事

朗格 606.079 是理查德朗格系列腕表的新成员，具有三问装置。在配备鸣响装置的腕表中，三问装置是精密制表领域中最具挑战性且最为妙趣横生的复杂功能。这项功能以精确至分钟的精准度报时，佩戴者可聆听到时光流转的声音。朗格 606.079 配备三层结构的白色珐琅表盘，在声音和视觉方面均备受瞩目。该表限量发行 50 枚，每枚公价为 40.9 万欧元（约合 316 万元人民币）。

设计特点

朗格 606.079 遵循朗格历史悠久的制表传统，即腕表内部的结构与设计始终相得益彰。经过锻面修饰的铂金表壳厚度仅有 9.7 毫米，配备瞩目的弧形表耳。主表盘的外圈和中间部分以及小秒盘均由手工精心制作，然后将三个部分组装在一起。醒目的白色珐琅表盘与经高温处理的蓝钢指针形成鲜明对比。外圈火车轨分钟刻度和 6 点位置的小秒针凸显了该表的经典风尚。12 点位置上方的精细红色线条为整体布局增添了一抹亮点。

朗格 606.079 侧面特写

朗格 606.079 佩戴效果

朗格 137

基本信息	
发布时间	2022 年
表壳材质	白金 / 玫瑰金
表带材质	鳄鱼皮
表径	41 毫米

朗格 137 是德国制表商朗格推出的手动机械腕表，属于朗格 1 系列，具有大日历、动力储备显示功能。

背景故事

朗格 137 是 2022 年上市的朗格 1 大型款腕表。自 2003 年以来，朗格 1 大型款腕表始终是朗格 1 系列的典范之作。从 2012 年开始搭载朗格专门为其研发的机芯，朗格 137 经过重新设计，配备灰色表盘，以更加优雅的比例呈现。该表有白金款（朗格 137.038）和玫瑰金款（朗格 137.033）两种，每枚公价均为 40.6 万元人民币。

设计特点

朗格 137 的表壳厚度减少至 8.2 毫米，令腕表能够舒适贴合手腕。表盘采用朗格 1 系列标志性的不对称设计，更添别致风尚。在偏心布局的表盘上，配备以金属边框双视窗所呈现的朗格大日历显示、带有标志性“UP/DOWN”字样的动力储存指示，以及饰以环形纹的副表盘和镶嵌刻度。柔和的斜面倒角处理确保了副表盘与饰有粒纹装饰主表盘之间的和谐过渡，凸显指针、罗马数字时标和白金（或玫瑰金）菱形时标，形成鲜明的对比效果。为了与不同的金属色调和谐搭配，白金款配备黑色皮革表带，玫瑰金款则配备红棕色皮革表带。

朗格 137.038 正面特写

朗格 137.033 佩戴效果

罗杰杜彼 RDDBEX0675

基本信息	
发布时间	2018 年
表壳材质	碳纤维
表带材质	碳纤维、钻石
表径	45 毫米

罗杰杜彼 RDDBEX0675 是瑞士制表商罗杰杜彼推出的男士手动机械腕表，属于王者竞速系列，具有陀飞轮功能。

背景故事

罗杰杜彼以对颠覆性材质的钟爱和研发全球首创作品的能力而享誉制表业。2018 年 10 月，罗杰杜彼推出了王者竞速系列 Spider Ultimate Carbon 腕表，编号为罗杰杜彼 RDDBEX0675，限量发行 8 枚，每枚公价高达 484 万元人民币。该表除以璀璨夺目的形式演绎罗杰杜彼的标志性“星际镂空”元素外，还配备了全球首创镶嵌有长方形切割钻石的陀飞轮框架。此外，罗杰杜彼还将 166 颗钻石镶嵌在碳纤维表带上，可谓前所未有的突破。

设计特点

罗杰杜彼 RDDBEX0675 的表径为 45 毫米，但是它戴在手腕上并不会很笨重，这是因为整枚腕表几乎都是由碳纤维材质打造而成的，表耳及表壳侧面还进行了镂空处理。该表采用罗杰杜彼 RD508SQ 型手动上链机芯，动力储备为 52 小时。其夹板和基板均采用镂空设计，形状呈五角星形。尽管材质的选择很独特，但罗杰杜彼 RDDBEX0675 仍然拥有日内瓦印记，这意味着它已经通过了严格的功能和打磨标准的认证要求。

欧米茄 522.50.45.52.03.001

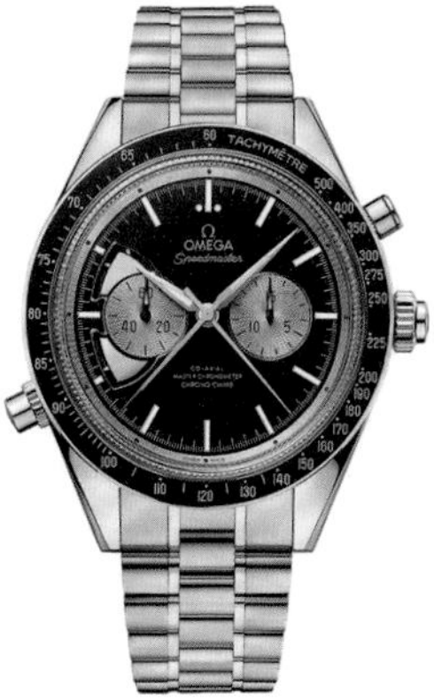

基本信息	
发布时间	2022 年
表壳材质	Sedna 18K 金
表带材质	Sedna 18K 金
表径	45 毫米

欧米茄 522.50.45.52.03.001 是瑞士制表商欧米茄推出的男士手动机械腕表，属于超霸系列，具有计时、追针、防磁、三问等功能。

背景故事

超霸系列是欧米茄品牌代表性的表款，它参与了美国全部六次登月任务，堪称品牌先锋精神的典范。2022 年 10 月，欧米茄以第二代超霸腕表 CK 2998 为灵感，推出全新超霸系列 Chrono Chime 腕表，编号为欧米茄 522.50.45.52.03.001。该表继承了 Alpha 指针、竖直表耳和 DON 表圈等经典元素，搭载 1932 型高频至臻天文台机芯，集计时和报时功能于一身，是有史以来最复杂的超霸时计，每枚公价高达 391.55 万元人民币。

设计特点

欧米茄 522.50.45.52.03.001 的表壳完全由欧米茄独家研发的 Sedna 18K 金制成，搭配相同材质的表链及表扣。欧米茄创造性地融合蓝色砂金石材质和“大明火”珐琅工艺，用以装饰表盘和测速表圈。Sedna 18K 金副表盘设于 3 点和 9 点位置，饰有“声波”玑镂图案。时分指针和小时刻度经过钻石抛光处理，指示时间信息。红色尖端中央秒针以及蓝色化学气相沉积（CVD）副表盘指针，令盘面色彩更加丰富。

欧米茄 522.53.45.52.04.001

基本信息	
发布时间	2022 年
表壳材质	Sedna 18K 金
表带材质	皮革
表径	42 毫米

欧米茄 522.53.45.52.04.001 是瑞士制表商欧米茄推出的男士手动机械腕表，属于特别系列，具有计时、追针、防磁、三问等功能。

背景故事

欧米茄 522.53.45.52.04.001 是欧米茄于 2022 年推出的奥林匹克 1932 计时三问表，每枚公价高达 365.45 万元人民币。该表将欧米茄品牌历史上两款里程碑式的重要腕表巧妙结合，一款是于 1892 年推出的三问报时腕表，另一款是 1932 年欧米茄首次担任洛杉矶奥运会正式计时所使用的计时怀表。

设计特点

欧米茄 522.53.45.52.04.001 由 Sedna 18K 金打造而成，珐琅表盘采用"大明火"工艺制成。内表圈和小表盘均由 925 银材质制成，同时内表圈采用玑镂工艺手工打造而成，小表盘则呈现欧米茄独有的"声波"图案，代表着腕表报时所产生的声波。腕表内部搭载欧米茄 1932 型同轴至臻天文台机芯，融合了计时功能和三问报时功能，是品牌有史以来打造的最复杂机芯。特别定制的表盒由胡桃木制成，表盒内设有云杉木制成的共振板，能够增强腕表报时的韵律、音调、和声以及时长。

欧米茄 522.53.45.52.04.001 背面特写

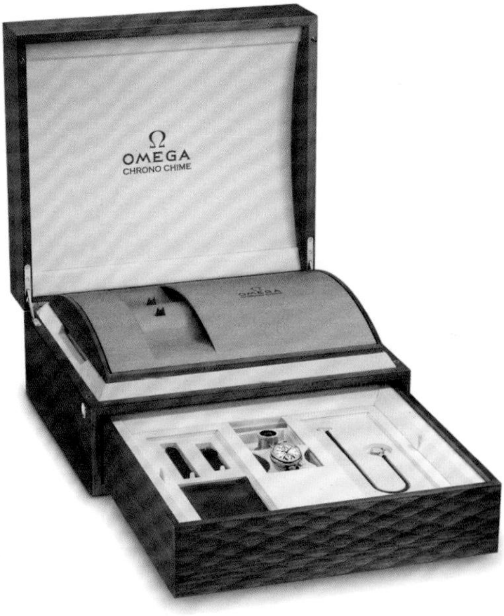

欧米茄 522.53.45.52.04.001 腕表及其表盒

帕玛强尼 PFH435—1207001—HA3141

基本信息	
发布时间	2015 年
表壳材质	白金
表带材质	鳄鱼皮
表径	46.7 毫米

帕玛强尼 PFH435—1207001—HA3141 是瑞士制表商帕玛强尼推出的男士手动机械腕表，属于寰宇系列，具有万年历、计时、陀飞轮、三问功能。

背景故事

帕玛强尼 PFH435—1207001—HA3141 以“山度士先生的锦鲤”为主题。爱德华·马塞尔·山度士是瑞士著名雕塑家兼画家，他所创立的山度士家族基金会（1964 年创立）在帕玛强尼发展过程中多次给予帮助。帕玛强尼希望向这位杰出的艺术家表达由衷的敬意。帕玛强尼 PFH435—1207001—HA3141 是一款工艺精湛、技艺卓群的腕表杰作，每枚公价高达 814.6 万元人民币。

设计特点

帕玛强尼 PFH435—1207001—HA3141 凝结了诸多传统手工艺技术，美丽的蓝色表盘面，令人一见倾心。栩栩如生的图案凝聚着多位工匠的才华，以细节之美，触动着腕表主人的心弦。白金质地的锦鲤系手工雕刻、镶贴，熠熠生辉的鳞片和几近透明的鱼鳍令锦鲤呼之欲出。水下锦鲤于金钱草间优雅游弋，金钱草以超现实手法表现，精致的叶脉巧妙捕捉光线，映射出耀眼的光芒。

帕玛强尼 PFH435—1207001—HA3141 侧面特写

帕玛强尼 PFH435—1207001—HA3141 背面特写

瑞宝 CH—6721R

基本信息	
发布时间	2014 年
表壳材质	玫瑰金
表带材质	鳄鱼皮
表径	40 毫米

瑞宝 CH—6721R 是德国制表商瑞宝推出的男士手动机械腕表，属于天狼星系列。

背景故事

1988 年，瑞宝首度推出手动上链三针一线（规范针）腕表，从此唤起了该领域的一波复兴潮。三针一线具有“钟表之母”之称，最早出现在 17 世纪的航海钟上，特色在于三根指针分开分布，由上而下为时分秒针，指针中心连成一线。瑞宝 CH—6721R 是瑞宝手动上链三针一线腕表的典型代表，每枚公价为 12.28 万元人民币。

设计特点

瑞宝 CH—6721R 表壳由抛光的玫瑰金材质打造而成，呈现柔和动人的奢华质感，圆拱形表圈结合整体壳型将圆表壳所代表的古典风情展露无遗。四只细长的弧形条状表耳牢固地镶嵌在表壳之上，使得表壳更为圆润和独立，而这种表耳设计，最初是出现在早期改造自怀表的腕表上，因此极具复古情怀。洋葱头玫瑰金表冠精致圆润，使用时手感较好。银白表盘表面装饰手工雕刻的玑镂纹理，并标注品牌自制的机芯型号（C.673 型）。

天梭 T71.8.109.32

基本信息	
发布时间	2011 年
表壳材质	黄金、钻石
表带材质	皮革
表径	49 毫米

天梭 T71.8.109.32 是瑞士制表商天梭推出的男士手动机械腕表，属于怀旧经典系列。

背景故事

怀旧经典系列是天梭独有的复刻系列，它从天梭悠久的制表历史中汲取丰富灵感，再现了天梭品牌的辉煌。在复古的基础上，怀旧经典系列的独创产品又糅合了时尚感和高品位。天梭 T71.8.109.32 是 2011 年上市的怀旧经典系列腕表，每枚公价为 9.8 万元人民币。

设计特点

天梭 T71.8.109.32 的表壳厚度为 12.65 毫米，防水深度为 30 米。表壳、表冠、表扣均为黄金材质，其中表壳和表冠镶嵌了钻石。表镜材质为合成水晶胶，银白色表盘为方形，配备阿拉伯数字时标。该表采用 ETA 2660 型手动机械机芯，机芯直径为 17.2 毫米，机芯厚度为 3.5 毫米，装有 17 颗宝石。振频为每小时 28 800 次，动力储备为 45 小时。

泰格豪雅 CW9110.FC6177

基本信息	
发布时间	2011 年
表壳材质	精钢
表带材质	鳄鱼皮
表径	38 毫米

泰格豪雅 CW9110.FC6177 是瑞士制表商泰格豪雅推出的男士手动机械 / 石英腕表，属于摩纳哥系列。

背景故事

自 1969 年问世以来，泰格豪雅摩纳哥系列计时码表就以其无畏的创新挑战制表业的方方面面。与几乎所有计时码表均为圆形的传统不同，摩纳哥系列腕表呈方形，且率先采用防水表壳。“摩纳哥”这一名称本身就体现了腕表的双重性，反映了摩纳哥公国无可比拟的奢华，又与传奇性的 F1 赛事的危险性形成对比。2011 年上市的泰格豪雅 CW9110.FC6177 是摩纳哥系列腕表的代表作，每枚公价为 6.92 万元人民币。

设计特点

泰格豪雅 CW9110.FC6177 的防水深度为 50 米，其表壳、表冠、表扣（折叠扣）均为精钢材质，表镜材质为蓝宝石水晶，配备翻转表盘。该表采用双机芯设计，即泰格豪雅 Calibre 2 型手动上链机械机芯、Calibre HR03 型石英机芯。其中，机械机芯的直径为 23.7 毫米，装有 17 颗宝石。其振频为每小时 21600 次，动力储备为 42 小时。

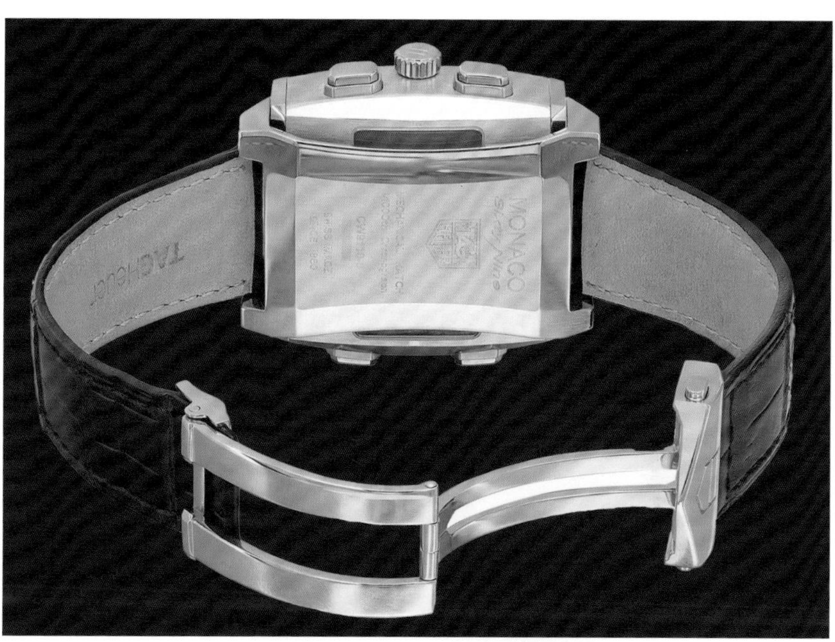

泰格豪雅 CW9110.FC6177 背面特写

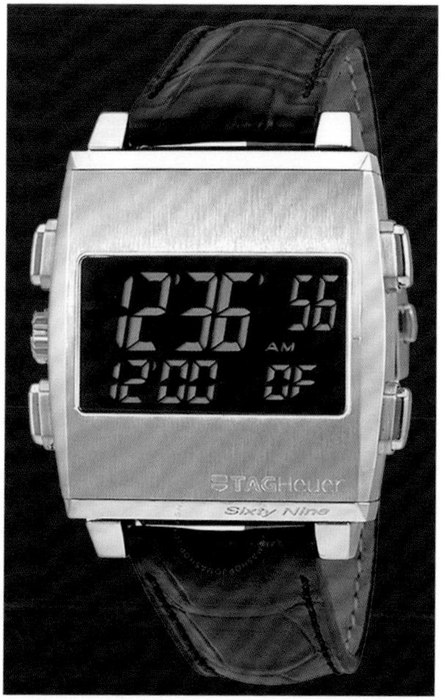

泰格豪雅 CW9110.FC6177 表盘翻转后特写

万国 IW504101

基本信息	
发布时间	2012 年
表壳材质	铂金
表带材质	皮革
表径	46 毫米

万国 IW504101 是瑞士制表商万国于 2012 年推出的腕表，属于葡萄牙系列。

背景故事

万国葡萄牙系列诞生于 20 世纪 30 年代，设计堪为典范，其外形醒目，饰有简约的阿拉伯数字时标、纤细的柳叶形指针以及铁轨式分钟圈。这些独特的设计在当时可谓独树一帜。时至今日，万国葡萄牙系列的原创表盘以其明晰的布局与简洁的风格仍然引领时尚。而万国 IW504101 是万国有史以来制造的最为复杂的一款机械腕表，每枚公价高达 600 万元人民币。

设计特点

万国 IW504101 可提供两种不同方式并列计时，正面盘面所显示的时间为平均太阳时，也就是我们日常生活的计时时间，小秒针设于 9 点位置的球形陀飞轮装置上。设于 12 点位置的小表盘显示 24 小时恒星时，这是天文学家采用的计时系统。4 点到 5 点位置有动力储备显示，若上满链，可提供 96 小时的动力储备。背面盘面显示的是星空图，它显示的是在地球上特定的一个地点所能观看的夜空星象。这个地点可以根据用户的要求独立计算，所以不同的地点显示出来的星空图是不同的。

宇舶 405.WX.9204.LR.9904

基本信息	
发布时间	2018 年
表壳材质	白金、钻石
表带材质	皮革
表径	45 毫米

宇舶 405.WX.9204.LR.9904 是瑞士制表商宇舶于 2018 年推出的手动机械腕表。

背景故事

2018 年巴塞尔国际钟表珠宝展上，宇舶与时尚品牌卡马龙展开跨界合作，宇舶推出了一款奢华的满钻陀飞轮腕表，卡马龙推出了一款时尚的黑色鳄鱼皮飞行员夹克。宇舶推出的腕表编号为 405.WX.9204.LR.9904，每枚公价高达 703 万元人民币。该表还搭配了一款公文包，方便存放于保险箱中。

设计特点

宇舶 405.WX.9204.LR.9904 镶嵌了 380 颗方形钻石，鳞片状排列于表壳、表盘和表扣上。钻石的大小和形状布局经过精心设计，宛如鳄鱼皮纹理般精致且富有层次感。其中表盘镶嵌了 102 颗方形钻石（总重为 4.3 克拉）。6 点位置设有透视视窗，用户可以尽情欣赏宇舶 HUB 6016 陀飞轮机芯的韵律动作。手动上链机芯可提供 115 小时的动力储存。表壳镶嵌了 234 颗方形钻石（总重为 7.6 克拉），鳄鱼皮表带上的表扣则镶嵌了 44 颗方形钻石（总重为 1.6 克拉）。

宇舶 414.CI.4010.LR.NJA18

基本信息	
发布时间	2018 年
表壳材质	陶瓷
表带材质	橡胶、鳄鱼皮
表径	45 毫米

宇舶 414.CI.4010.LR.NJA18 是瑞士制表商宇舶推出的男士手动机械腕表，属于 Big Bang 系列，具有动力储备显示功能。

背景故事

宇舶 414.CI.4010.LR.NJA18 是宇舶与美国说唱歌手、演员尼基·詹姆（Nicky Jam）合作设计的三款腕表之一。尼基·詹姆、威尔·史密斯和埃拉·伊斯特莱菲合作创作并发行了 2018 年俄罗斯世界杯主题曲《Live It Up》，并在闭幕式上进行表演。而宇舶是世界杯指定官方计时，这是双方最大的合作基础。宇舶 414.CI.4010.LR.NJA18 限量发行 100 枚，每枚公价为 17.71 万元人民币。

设计特点

宇舶 414.CI.4010.LR.NJA18 的表壳厚度为 15.95 毫米，防水深度为 100 米。表壳和表圈由宇舶著名的黑色陶瓷制成。与其他两个版本一样，表盘 12 点刻度是尼基·詹姆的标志，该标志由他姓名的首字母 NJ 组成。表背面蓝宝石底盖有尼基·詹姆的手写签名，在这里既可以看到签名，也可以欣赏机芯内部。

宇舶 414.OX.4010.LR.4096.NJA18

基本信息	
发布时间	2018 年
表壳材质	王金
表带材质	橡胶、鳄鱼皮
表径	45 毫米

宇舶 414.OX.4010.LR.4096.NJA18 是瑞士制表商宇舶推出的男士手动机械腕表，属于 Big Bang 系列，具有动力储备显示功能。

背景故事

宇舶 414.OX.4010.LR.4096.NJA18 是宇舶与美国说唱歌手、演员尼基·詹姆合作设计的三款腕表之一。其机芯与宇舶 414.CI.4010.LR.NJA18 相同，整体尺寸与防水深度也一样，但表壳、表圈等部位采用了不同的材质。该表是三款腕表中产量最少的一款，限量发行 30 枚，每枚公价为 53.26 万元人民币。

设计特点

宇舶 414.OX.4010.LR.4096.NJA18 的表壳厚度为 15.95 毫米，防水深度为 100 米。该表装饰有温暖的金色表壳，表圈和表冠由王金加工而成，这是由宇舶自行研发的金属，采用铜和铂金打造。表圈镶嵌黄色蓝宝石、橙色蓝宝石和沙弗莱石，同时刻度轨道和"NJ"标志也是由这些宝石组成的。

宇舶 414.OX.9101.LR.9904.NJA18

基本信息	
发布时间	2018 年
表壳材质	王金
表带材质	橡胶、鳄鱼皮
表径	45 毫米

宇舶 414.OX.9101.LR.9904.NJA18 是瑞士制表商宇舶推出的男士手动机械腕表，属于 Big Bang 系列，具有动力储备显示功能。

背景故事

宇舶 414.OX.9101.LR.9904.NJA18 是宇舶与美国说唱歌手、演员尼基·詹姆合作设计的三款腕表之一，整枚腕表镶嵌了 300 余颗钻石，所以它是三款腕表中售价最高的一款，每枚公价为 246.1 万元人民币。

设计特点

宇舶 414.OX.9101.LR.9904.NJA18 的表壳厚度为 15.95 毫米，防水深度为 100 米。表壳采用王金材质，中间的 NJ 标志及其他刻度采用长方形钻石切割设计而成，这种长方形切割钻石的设计也能在表带和表壳的连接处找到。表壳共镶嵌 307 颗钻石，总重为 16.9 克拉。表盘共镶嵌 31 颗钻石，总重为 0.87 克拉。表扣共镶嵌 29 颗钻石，总重为 1.77 克拉。与其他两款腕表一样，该表也搭载了宇舶 HUB 1201 手动上链机芯，共有 223 个零件，装有 24 颗宝石，动力储备长达 10 天。

雅典表 780—81

基本信息	
发布时间	2012 年
表壳材质	玫瑰金 / 白金、钻石
表带材质	皮革
表径	42 毫米

雅典表 780—81 是瑞士制表商雅典推出的男士手动机械腕表，属于鎏金系列，具有陀飞轮、三问等功能。

背景故事

雅典表 780—81 源自品牌对成吉思汗的尊崇，雅典表在极为稀有的黑色缟玛瑙表盘上手工雕刻出正在攻城略地的蒙古兵马，并将此表命名为“成吉思汗”。该表也是世界上少数不以珠宝钻石为主，价值仍高达数十万美元的顶级腕表。由于制作极其耗工，每枚腕表制造过程约需 8 个月，所以采取预购的方式，玫瑰金版和白金版各限量发行 30 枚，每枚公价为 80 万美元。

设计特点

雅典表 780—81 搭载雅典研发的 UN—78 手动上链机芯，机芯厚度为 8.5 毫米。机芯桥板经手工仔细打磨，正面有珍珠圆点，背面则施以日内瓦波纹，并进行斜面切角抛光，表背透明，表盘下半部镂空。表盘上精雕细琢的白金活动人偶，皆是雕刻家花费超过 40 小时以手工打造，搭配罕见的黑色缟玛瑙表盘。多变化的乐音使雅典表 780—81 犹如拥有一支专职乐队，在每个时刻奏出优美的乐声。报时时，左边对战的两人会挥动军刀。报刻时，表盘中人偶包括最左边坐着敲打乐器的乐师会全部动员，如成吉思汗带领大军，大显雄威。报分时，骑士会将矛刺入吊在上方的圆环内。

雅典表 789—00

基本信息	
发布时间	2015 年
表壳材质	白金
表带材质	皮革
表径	43 毫米

雅典表 789—00 是瑞士制表商雅典推出的男士手动机械腕表，属于鎏金系列，具有陀飞轮、三问等功能。

背景故事

雅典表 789—00 是品牌为致敬北非古国迦太基军事家汉尼拔在第二次布匿战争中的非凡成就而推出的一款限量版腕表，在表盘的方寸之间描绘出这次无与伦比的战争之旅。作为三问腕表的先锋品牌，雅典表在这款手表上的三问报时装置更是投入了大量的人力资源和精力，确保它能够奏出完美无瑕的乐声。雅典表 789—00 限量发行 30 枚，每枚公价为 600 万元人民币。

设计特点

雅典表 789—00 搭载 UN—78 机芯，机芯每个部分都经过装饰、斜面切角抛光和手工仔细打磨。表盘上，汉尼拔骑着骏马，与他忠心的大象和士兵一起，好像在迅速行动。这些活动人偶以及山峦背景和四周的地形全部由 18K 白金手工雕琢而成，固定在花岗岩打造的表面上。花岗岩是取自汉尼拔和他的军队在公元前 3 世纪所经过的山脉。设计者在腕表设计中加入这些特别的元素，进一步表现其极富创意的精神。

雅典表 789—00 正面特写

雅典表 789—00 侧面特写

雅克德罗 J031033211

基本信息	
发布时间	2021 年
表壳材质	红金
表带材质	鳄鱼皮
表径	47 毫米

雅克德罗 J031033211 是瑞士制表商雅克德罗推出的男士手动机械腕表，属于艺术工坊系列，具有三问功能。

背景故事

2012 年，雅克德罗首度推出报时鸟三问表系列，就此将其时计艺术推向了全新高度。这一系列具有典型当代风格，将雅克德罗的工艺精髓和其近 3 个世纪的历史传承融于一身。2021 年，为庆祝品牌创始人皮埃尔·雅克德罗诞辰 300 周年，雅克德罗推出了全新报时鸟三问表，编号为雅克德罗 J031033211。该表限量发行 8 枚，每枚公价为 435.25 万元人民币。

设计特点

雅克德罗 J031033211 以白色珍珠母贝和黑色缟玛瑙表盘搭配红金装饰，于表盘上呈现河流潺潺不息、鸟儿雀跃舞动以及雏鸟破壳而出等栩栩如生的场景，这幅生动逼真的杰作完全由手工雕刻绘制而成。画面的右侧是一座农场，再现了 300 年前皮埃尔·雅克德罗的诞生之地。在这一极具纪念意义的场景左侧，是一条在绿绿葱葱的山谷中缓缓流淌的河流，它正是环绕着拉夏德芳山谷的隆德河。该腕表的表壳以红金打造，其内搭载了高级制表领域中极为复杂的三问报时功能。

第3章　自动机械腕表

自动机械腕表是利用佩戴者的手腕运动来驱动自动摆轮，从而为腕表提供能量。与手动机械腕表相比，自动机械腕表通常更厚、更重，更难以制造和维护。同时，自动机械腕表通常比手动机械腕表更昂贵，因为它们需要更复杂的机芯设计和制造工艺。

爱彼 15400OR.OO.1220OR.01

基本信息	
发布时间	2012 年
表壳材质	玫瑰金
表带材质	玫瑰金
表径	41 毫米

爱彼 15400OR.OO.1220OR.01 是瑞士制表商爱彼推出的自动机械腕表，属于皇家橡树系列。

背景故事

“皇家橡树”是为纪念英格兰国王查理二世在英国内战中为躲避国会士兵追捕用来藏身的一棵中空的橡树。后来“皇家橡树”的名称也常常用在战舰上，其中最著名的是 1916 年英国“皇家橡树”号战列舰（属“复仇”级），曾经参加日德兰海战。1972 年，爱彼钟表设计大师吉罗德 • 尊达以此战舰激发出的灵感设计出爱彼皇家橡树系列。这款腕表彻底颠覆了制表的美学历史，成为史上首枚采用精钢材质的高级腕表。凭借八角形舷窗表圈、格纹装饰表盘、一体式表壳以及坦克履带型表带等超前独特的设计，爱彼皇家橡树系列受到人们的青睐。爱彼 15400 系列是爱彼皇家橡树系列的代表，而爱彼 15400OR.OO.1220OR.01 则是爱彼 15400 系列中的经典款式，每枚公价为 40.2 万元人民币。

设计特点

爱彼 15400OR.OO.1220OR.01 采用 18K 玫瑰金表壳，搭配经防眩光工艺处理的蓝宝石水晶镜面和底盖，以及旋入式表冠。其表壳厚度为 9.8 毫米，防水深度为 50 米。黑色表盘镌刻大格纹装饰图案，搭配玫瑰金荧光立体时标和皇家橡树指针。表带同样采用 18K 玫瑰金，搭配 AP 字样折叠式表扣。

爱彼 15400OR.OO.1220OR.01 侧面特写

爱彼 15400OR.OO.1220OR.01 背面特写

爱彼 26403BC.ZZ.8044BC.01

基本信息	
发布时间	2015 年
表壳材质	白金、钻石
表带材质	白金、钻石
表径	44 毫米

爱彼 26403BC.ZZ.8044BC.01 是瑞士制表商爱彼推出的自动机械腕表，属于皇家橡树离岸型。

背景故事

皇家橡树系列是爱彼腕表家族的主打款式，而皇家橡树离岸型更以其阳刚豪迈的运动气质而闻名。自 1993 年推出以来，皇家橡树离岸型就打破了当时既定的设计规范，重新演绎充满神秘色彩的皇家橡树系列的设计元素，大有青出于蓝而胜于蓝之势。爱彼 26403BC.ZZ.8044BC.01 是在售皇家橡树离岸型中公价较高的一款，每枚公价高达 1277.2 万元人民币。

设计特点

爱彼 26403BC.ZZ.8044BC.01 是一款男士腕表，共有 365 个零件，镶嵌了 59 颗宝石，可提供 50 小时的动力储备，防水深度为 20 米。白金表壳全镶长方形切割美钻，表壳厚度为 15.5 毫米，搭配防眩光处理蓝宝石水晶表镜与底盖，以及镶饰长方形切割美钻的螺丝锁紧式表冠和按钮。表盘和内表圈材质为白金，铺镶长方形切割美钻，搭配荧光黑色金质皇家橡树指针。表链同样采用白金，全镶长方形切割美钻搭配 AP 字样折叠式表扣。

爱彼 26579CS.OO.1225CS.01

基本信息	
发布时间	2022 年
表壳材质	陶瓷
表带材质	陶瓷
表径	41 毫米

爱彼 26579CS.OO.1225CS.01 是瑞士制表商爱彼推出的男士自动机械腕表，属于皇家橡树系列，具有日期显示、星期显示、月份显示、年历显示、月相功能。

背景故事

2022 年 9 月，爱彼推出首款通体采用蓝色陶瓷材质打造的皇家橡树系列万年历腕表——爱彼 26579CS.OO.1225CS.01。陶瓷是一种极耐磨损和防刮擦的轻盈材质，更能凸显时计的纤薄设计，因而这款腕表的厚度仅为 9.5 毫米。

设计特点

爱彼 26579CS.OO.1225CS.01 的大格纹表盘、副表盘及内表圈均呈现蓝色调，与蓝色陶瓷材质的表壳和表带相得益彰，使腕表整体呈现同色调的现代美感。表盘上的白金立体时标和指针，则与之形成了鲜明的色彩对比，且其均覆以荧光涂层，即使在黑暗的环境中仍可清晰读时。三个显示日历功能的副表盘以及月相显示副表盘对称分布于表盘之上，尽显精巧的平衡美感，同时亦井然有序地显示出小时、分钟、星期、日期、周历、月份、月相和闰年信息。

百达翡丽 1415

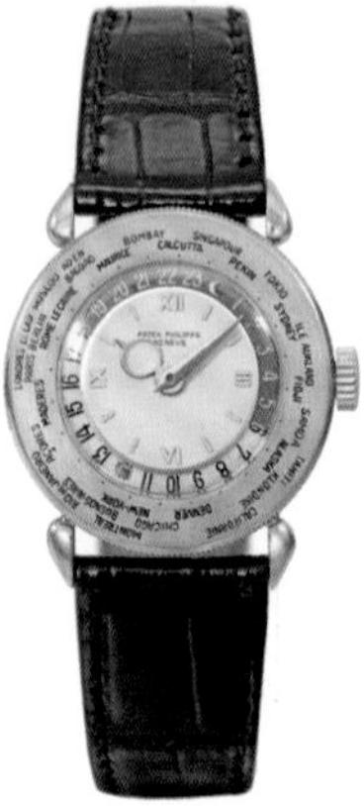

基本信息	
发布时间	1939 年
表壳材质	黄金 / 玫瑰金
表带材质	皮革
表径	31 毫米

百达翡丽 1415 是瑞士制表商百达翡丽于 20 世纪 30 年代推出的世界时腕表。

背景故事

1884 年在美国华盛顿召开的国际子午线大会上，与会代表规定将全球正式划分为 24 个时区后，钟表品牌便展开了激烈的竞争，抢先开发可以显示多时区时间的手表。1939 年，百达翡丽开始批量生产世界时腕表，并将型号定为百达翡丽 1415，一直生产到 1953 年。该表采用两个旋转圆盘，可同时显示 24 个时区的时间。2002 年 4 月，安帝古伦在日内瓦举行的拍卖会上，一枚百达翡丽 1415 以 660 万瑞士法郎的价格成交。

设计特点

百达翡丽 1415 通常采用黄金或玫瑰金表壳，表盘为银色或香槟色，也有采用掐丝珐琅工艺绘制不同大洲的地图的表盘。该表拥有可调 24 小时刻度盘，清晰易读的 24 座参考城市名称，独树一帜的时针充满现代气息，可通过明暗色彩及日 / 月标记显示昼 / 夜。用户无须停止该表的走时，无须调节时间或计算两地间的时差，只要数次按下 10 点位置的按钮，直至目标时区的代表城市名称与 12 点位置的红色箭头对齐即可。每次按下按钮，显示当地时间的时针都将顺时针前移 1 小时。

百达翡丽 1415 珐琅表盘特写

百达翡丽 1415 表冠特写

宝玑 7597BB/GY/9WU

基本信息	
发布时间	2022 年
表壳材质	白金
表带材质	鳄鱼皮
表径	40 毫米

宝玑 7597BB/GY/9WU 是瑞士制表商宝玑推出的男士自动机械腕表，属于传世系列，具有日期显示、飞返 / 逆跳功能。

背景故事

宝玑传世系列于 2005 年问世，从表桥造型到“降落伞”避震装置，甚至是摆轮和齿轮的大小，所有部件的灵感均源自亚伯拉罕 - 路易·宝玑于 1797 年所创制的 Subscription 预订怀表与触摸表。宝玑 7597BB/GY/9WU 是 2022 年问世的传世系列新作，每枚公价为 31.24 万元人民币。

设计特点

宝玑 7597BB/GY/9WU 的金质表盘饰以手工雕刻巴黎鞋钉纹玑镂刻花图案、传统罗马数字时标和针尖带偏心镂空“月亮”的指针。该表具备逆跳日期显示功能，为确保指针在装置之上流畅运转，宝玑研发出层次感丰富的蓝钢指针，置于中心点与日期显示部分之间。此外，为提升日期显示的易读性，日期部分覆盖范围超过 180°，且覆以宝玑蓝色涂层，与表盘配色相呼应。银色移印阿拉伯数字时标与金质弧面宝石时符交错排列。设定日期时，佩戴者只需旋出 10 点位置的按钮，并按压直至指针到达所需日期即可。不仅如此，主夹板与表桥还覆以深灰色涂层，赋予了腕表鲜明的视觉效果。

宝玑 7597BB/GY/9WU 正面特写

宝玑 7597BB/GY/9WU 背面特写

宝玑 8918BB/2N/764/D00D

基本信息	
发布时间	2022 年
表壳材质	白金
表带材质	缎面织物
表径	36.5 毫米

宝玑 8918BB/2N/764/D00D 是瑞士制表商宝玑推出的女士自动机械腕表，属于那不勒斯王后系列。

背景故事

那不勒斯王后系列的灵感源自亚伯拉罕 - 路易 • 宝玑于 1812 年为拿破仑的胞妹——优雅的那不勒斯王后卡洛琳 • 缪拉打造的宝玑史上首枚已知腕表。这枚腕表采用长椭圆形表壳，是毋庸置疑的标志性女士腕表。如今，该系列腕表的表壳已经演变为鹅蛋形，独有的优美曲线非常抢眼。宝玑 8918BB/2N/764/D00D 是宝玑在那不勒斯王后系列诞生 20 周年之际推出的新表款，每枚公价为 30.22 万元人民币。

设计特点

宝玑 8918BB/2N/764/D00D 将“大明火”珐琅工艺纯熟运用于表盘之上。纯粹深邃的黑色盘面展现神秘韵味。以银粉勾勒而成的宝玑数字时标与表盘形成强烈对比，呈现醒目的层次效果，为表盘注入盎然生机，配以蓝宝石水晶底盖，简约之余更显尊贵。考究的“大明火”珐琅技艺赋予表盘独特纹理与恒久色彩。6 点位置镶嵌一颗 0.08 克拉的梨形切割钻石。表圈和表盘外缘镶嵌 117 颗璀钻环绕，表冠镶嵌 1 颗美钻，与三重折叠式表扣上所镶嵌的 28 颗钻石交相辉映。

宝玑 8918BB/2N/764/D00D 表盘特写

宝玑 8918BB/2N/764/D00D 佩戴效果

宝玑 9075BB/25/976/DD0004

基本信息	
发布时间	2022 年
表壳材质	白金、钻石
表带材质	鳄鱼皮
表径	33.5 毫米

宝玑 9075BB/25/976/DD0004 是瑞士制表商宝玑推出的女士自动机械腕表，属于经典系列。

背景故事

宝玑 9075BB/25/976/DD0004 是宝玑在 2023 年中国癸卯兔年来临之际，专为女性设计的经典系列癸卯年生肖腕表。该表融合了品牌标志性的珐琅工艺与雕刻技艺，以 6 只姿态各异的玉兔形象诠释时间艺术，温柔地展现女性的睿智与灵动之美。该表限量发行 8 枚，每枚公价为 35.55 万元人民币。

设计特点

宝玑 9075BB/25/976/DD0004 白金表盘上的所有图案皆由工艺大师手工镌刻。中央图案镌刻于珐琅层下方，而兔子则镌刻于珐琅层之上。该表搭载宝玑 591C 型自动上链机芯，采用手工润饰工艺。机芯配备硅质扁平游丝和瑞士直线杠杆式擒纵机构。机芯由 171 个零件组成，动力储备为 38 小时。机芯部件遵循宝玑传统，由宝玑工匠以手工悉心润饰。透过底盖，巧妙饰以大麦纹手工玑镂刻花图案的金质自动陀一览无余。

宝玑 9085BB/5R/964 DD00

基本信息	
发布时间	2022 年
表壳材质	白金、钻石
表带材质	鳄鱼皮
表径	30 毫米

宝玑 9085BB/5R/964 DD00 是瑞士制表商宝玑推出的女士自动机械腕表，属于经典系列，具有月相功能。

背景故事

宝玑 9085BB/5R/964 DD00 是宝玑于 2022 年 12 月推出的情人节限量版腕表，以古典诗意精致诠释女性优雅，礼赞蜜意佳期。其表盘装饰精美白色珍珠母贝，并点缀红宝石。该腕表以礼盒形式呈现，配有红色和珍珠白色两根表带，可随心更换。该表每枚公价为 27.94 万元人民币。

设计特点

宝玑 9085BB/5R/964 DD00 的珍珠母贝表盘上有宝玑工艺大师手工雕刻的玑镂刻花图案。6 点位置的金质月亮以手工锤制而成，高悬于午夜湛蓝的天幕，并缀以金色星辰。位于 12 点位置的椭圆形框内点缀宝玑标志。表壳与表耳镶嵌 66 颗明亮式切割钻石。该腕表配备了快速更换系统，别出心裁的设计令表带的拆卸轻松方便，佩戴者无须借助任何工具，只需按压表带下方的按钮，便可轻松更换表带，完成风格的快速切换。该腕表搭载宝玑 537L 型机芯，共有 231 个零件，装有 26 颗宝石，动力储备为 45 小时。

宝玑 5557

基本信息	
发布时间	2022 年
表壳材质	白金 / 玫瑰金
表带材质	白金 / 玫瑰金 / 皮革 / 橡胶
表径	43.9 毫米

宝玑 5557 是瑞士制表商宝玑推出的男士自动机械腕表，属于航海系列，具有日期显示、双时区、世界时功能。

背景故事

宝玑 5557 是宝玑于 2022 年 3 月推出的航海系列世界时腕表，共有六种款式，包括 5557BR/YS/5WV（玫瑰金表壳、橡胶表带）、5557BB/YS/5WV（白金表壳、橡胶表带）、5557BR/YS/RW0（玫瑰金表壳和表带）、5557BR/YS/9WV（玫瑰金表壳、皮革表带）、5557BB/YS/BW0（白金表壳和表带）、5557BB/YS/9WV（白金表壳、皮革表带）。贵金属表带款的公价均为 73.85 万元人民币，非贵金属表带款的公价均为 55.72 万元人民币。

设计特点

宝玑 5557 以平面式的表盘呈现立体化的效果，宛如一枚腕间地球仪。该表具备强大的瞬时时区跳转功能，依靠两个独立心形凸轮，分别连接到由腕表传动链驱动的一个独立齿轮上，按压 8 点位置的表冠会引起凸轮锤敲击其中一个心形凸轮，连续按压则会引起两个心轮位置来回移动，即实现两大设定时区的切换。佩戴者通过操控按钮或表冠，即可轻松设定时区。在确定第一时区城市、时间和日期后，随即只需按压按钮，即可一键切换设定第二时区城市，一步到位而不会影响腕表的精准走时。

宝玑 5557BR/YS/5WV 正面特写

宝玑 5557BB/YS/9WV 佩戴效果

宝玑 7327

基本信息	
发布时间	2023 年
表壳材质	白金 / 玫瑰金
表带材质	鳄鱼皮
表径	39 毫米

宝玑 7327 是瑞士制表商宝玑推出的自动机械腕表，属于经典系列，具有日期显示、星期显示、月份显示、万年历、月相、飞返 / 逆跳等功能。

背景故事

宝玑 7327 是宝玑最新一代经典系列万年历腕表，取代了 2004 年面世的上一代作品，即宝玑 5327。尽管宝玑 7327 使用了与宝玑 5327 相同的基础机芯，并且依然有着品牌明显的特征，但它的表盘设计变得更简约、更具现代感。宝玑 7327 有白金款（宝玑 7327BB/11/9VU）和玫瑰金款（宝玑 7327BR/11/9VU）可供客户选择，公价均为 61.45 万元人民币。

设计特点

宝玑 7327 将万年历和月相功能压缩进了 5 个子表盘中，而不是之前的 6 个。月相显示窗口被缩小成 1 个半月脸，并以银质手工锤纹月亮和蓝色漆面亮片背景对夜空进行了逼真的描绘。较小的星期和闰年指示模块位于表盘的下半部分，它们与较大的指针日期盘相交，构成了米老鼠的轮廓。横跨了 9 点至 12 点位置的扇形模块为逆跳月份显示，至于时针和分针则仍是传统的蓝钢偏心月形针尖指针。

宝玑 7327BR/11/9VU 背面

宝玑 7327BB/11/9VU 佩戴效果

宝珀 1735

基本信息	
发布时间	1991 年
表壳材质	铂金
表带材质	皮革
表径	34 毫米

宝珀 1735 是瑞士制表商宝珀于 20 世纪 90 年代初推出的自动机械腕表，属于巨匠系列。

背景故事

为了纪念吉恩 - 雅克・宝珀于 1735 年创立宝珀品牌，宝珀于 1991 年在品牌六大经典杰作的基础上推出了一款超乎想象的新型腕表——宝珀 1735。该腕表作为当时功能最复杂的腕表，震撼了整个制表界。其研发耗时整整 6 年，且仅有几名制表师能够制作。到 2009 年停产时，宝珀共制作了 30 枚宝珀 1735，最后一枚在 2010 年以 790 万元人民币的价格售出。

设计特点

宝珀 1735 由 740 个手工零件构成，每枚腕表都是由一名制表师花费一年半时间全手工制作而成的。该表拥有当今世界机械表全部 6 项复杂机械功能，即超薄自动上链机芯、双指针飞返计时、陀飞轮、时刻分三问报时、万年历以及月相盈亏功能。其中，时刻分三问报时功能可按需要作时、刻、分报时，是先进的制表工艺与冶金技术的完美结合，也是声学和动力学巧妙运用的成果。

宝珀 1735 背面特写

宝珀 1735 正面特写

宝珀X噚

基本信息	
发布时间	2011 年
表壳材质	钛金属
表带材质	橡胶
表径	55.65 毫米

宝珀 X 噚（X Fathoms）是瑞士制表商宝珀于 2011 年推出的专业潜水腕表，产品编号为 5018—1230—64A，属于五十噚系列。

背景故事

宝珀五十噚系列诞生于 1952 年，于 1953 年年初正式投产上市。当时，宝珀总裁费希特根据自身潜水经验和需求推出一款腕表，命名为“五十噚”。在当时，五十噚（“噚”源于古英语，表示“伸展开的双臂”，因此一噚就是两臂之长，五十噚约合 91.4 米）被认为是潜水员所能下潜的极限深度。五十噚系列曾作为多国海军部队的制式装备，是经过实战检验的现代潜水腕表。2011 年上市的宝珀 X 噚是五十噚系列的巅峰力作，它继承了初代五十噚的经典特征，并被赋予了诸多首创发明，拥有多项世界领先的技术。

设计特点

作为专业潜水腕表，宝珀 X 噚具有防水、抗磁、水下易读等特性，同时拥有单向旋转表圈、荧光显示、旋入式表冠，还创新性地加入了两个深度指示器、一个极限深度指针和一个 5 分钟倒计时器。另外，新材料的应用也是宝珀 X 噚大胆创新的地方，如在压力传感器中采用了液态金属这种专利材料。液态金属是锆金属与其他 4 种金属混合后加工而成的，与传统的膜片相比，它十分轻薄、坚韧，同时也不容易产生裂纹。

宝珀 X 噚侧面特写

宝珀 X 噚佩戴效果

宝珀 00888—3431—55B

基本信息	
发布时间	2012 年
表壳材质	铂金
表带材质	鳄鱼皮
表径	45 毫米

宝珀 00888—3431—55B 是瑞士制表商宝珀推出的男士自动机械腕表，属于经典系列，具有日期显示、年历显示、月相、长动力功能。

背景故事

在制表业的历史中，无数品牌与制表师曾尝试将中国历法呈现于腕表之上，但由于双轨制的农历历法与单轨制的公历历法存在巨大差异，受限于腕表的传统机械结构，这些能工巧匠只能对着这一阴阳合历的不规则周期，以及其背后博大精深的中华时间文化望洋兴叹。直到 2012 年，宝珀中华年历表以石破天惊之姿横空出世。这一高级制表领域里程碑式的明星作品，以业界百年未有的、真正的全新功能，实现了“让世界看中国时间”的时代壮举。该腕表铂金款每年限量发行 50 枚，编号为宝珀 00888—3431—55B。

设计特点

宝珀 00888—3431—55B 的表壳厚度为 15 毫米，表圈采用双层设计，表耳下方隐藏 5 个隐秘式调校按钮。该腕表配备“大明火”珐琅表盘，搭载宝珀自主研发的 3638 机芯。因为使用的是中国农历，所以完全没有可以参考借鉴的现有结构。

宝珀 00888—3431—55B 正面特写

宝珀 00888—3431—55B 背面特写

宝珀 6656—3642—55B

基本信息	
发布时间	2018 年
表壳材质	玫瑰金
表带材质	皮革
表径	40 毫米

宝珀 6656—3642—55B 是瑞士制表商宝珀推出的自动机械腕表，属于经典系列，具有全历、月相功能。

背景故事

宝珀 6656—3642—55B 腕表于 2018 年问世，每枚公价为 33.15 万元人民币。该腕表属于宝珀经典系列，宝珀以品牌诞生地维勒雷（Villeret）为这一经典系列命名。经典系列表款根植于宝珀品牌悠久的历史传统，代表着品牌根深蒂固的文化基础，体现出其精益求精的美学理念。简约的线条、明朗的表盘、精致的双表圈表壳演绎着经典优雅的精髓所在。

设计特点

宝珀 6656—3642—55B 的表壳厚度为 11.1 毫米，表耳间距为 22 毫米，防水深度为 30 米。该腕表采用玫瑰金表壳、圆形银白表盘、镂空柳叶形指针、蓝宝石水晶表镜和表背、深棕色短吻鳄鱼皮表带（内衬小牛皮），表冠和表扣也都采用玫瑰金材质。此外，还有承袭 18 世纪古老制表传统的蓝钢蛇形指针，用于指示表盘内圈的日期。该腕表配备 8 天长动力自动上链机芯，月相显示窗口位于表盘 6 点位置。

宝珀 6656—3642—55B 正面特写

宝珀 6656—3642—55B 佩戴效果特写

宝珀 3660—2954—W55A

基本信息	
发布时间	2021 年
表壳材质	红金、钻石
表带材质	鳄鱼皮
表径	34.9 毫米

宝珀 3660—2954—W55A 是瑞士制表商宝珀推出的女士自动机械腕表，属于女装系列。

背景故事

宝珀的传奇女性执掌人贝蒂·费希特女士有着自在舒展的和谐人格，人们提及她时总是赞誉有加。作为历史上首位制表公司的女性执掌人，贝蒂拥有女强人的飒爽风度与果敢魄力，而与此同时，她为人处世亦谦逊温柔。贝蒂热爱传统机械制表，她坚信一位优雅女士的得体着装，需要以一枚雅致的腕间饰品来点睛。这两种观念相辅相成，成就了宝珀女装系列腕表的特质：美丽外形，兼具纯正的机械灵魂。宝珀 3660—2954—W55A 是 2021 年 10 月上市的女装系列钻石舞会炫彩腕表之一，每枚公价为 22.55 万元人民币。

设计特点

宝珀 3660—2954—W55A 的白色珍珠母贝表盘上，缀饰着柔美感极强的金质阿拉伯数字，时标尺寸经过精巧微调，形成了一个顶端为数字 12 的不对称小时刻度圈。由钻石镶嵌而成的饰带，细看之下，既有钻石大小的渐变，又有左右整体对称的秩序感。这条璀璨钻石圈既能凸显数字时标，又将运行的表针纳入其中。腕表时针与分针皆采用镂空柳叶造型。

宝珀 3660—2954—W55A 正面特写

宝珀 3660—2954—W55A 背面特写

宝珀 AC02—36B40—63B

基本信息	
发布时间	2021 年
表壳材质	红金
表带材质	小牛皮
表径	毫米

宝珀 AC02—36B40—63B 是瑞士制表商宝珀推出的男士自动机械腕表，属于空军司令系列，具有计时、飞返与逆跳功能。

背景故事

空军司令系列将复古风格与宝珀最新技术巧妙融合，彰显了品牌与 20 世纪 50 年代军用航空领域密切相关的历史渊源。与那些被誉为当时最受欢迎的军用计时码表的早期原型表款一样，空军司令系列全新表款——宝珀 AC02—36B40—63B 以其精密的设计和两种独立的计时功能而著称，这两种功能分别为飞返功能以及倒计时表圈。该腕表每枚公价为 22.75 万元人民币。

设计特点

宝珀 AC02—36B40—63B 的飞返功能对飞行员来说意义重大，它能让飞行员仅通过一次按压就对当前计时进行重置，并在计时器运行的情况下启动新的计时。相对而言，传统计时码表的每一次重新计时都需要佩戴者在两个按钮上分别按下三次，从而停止、复位并重新启动机制。倒计时表圈的作用是指示到达目的地前所需花费的剩余时间。此外，该腕表还拥有一枚用于指示地面速度的测速刻度环、一枚 30 分钟计分钟刻度小表盘和一枚 12 小时计小时刻度小表盘。

宝珀 AC02—36B40—63B 正面特写

宝珀 AC02—36B40—63B 背面特写

宝珀 6654—3653—55B

基本信息	
发布时间	2022 年
表壳材质	玫瑰金
表带材质	皮革
表径	40 毫米

宝珀 6654—3653—55B 是瑞士制表商宝珀推出的自动机械腕表，属于经典系列，具有日期显示、星期显示、月相功能。

背景故事

2022 年 8 月，在第五届宝珀理想国文学奖（理想国与宝珀携手创办的文学奖项，旨在发掘和鼓励华语文学领域 45 周岁以下的优秀青年作家）初名单揭晓之际，宝珀推出了经典 V 系列全新限量版腕表——宝珀 6654—3653—55B，限量发行 100 枚。宝珀愿以这样一枚凝结诚意与工艺，具有非凡纪念意义的作品，传递宝珀的文学态度——“往时间纵深行进，以文学做时间的延长线”，致敬文学精神。

设计特点

宝珀 6654—3653—55B 采用浓郁绿色与金质的搭配，寄托着对如青麦般生长的青年作者们，终有一天结出金色丰硕成果的美好祝福与期待。同时，还运用宝珀引以为傲的金雕工艺，在摆陀上饰以专为文学奖设计的精美图案——手持羽毛笔，蘸墨书写。透过蓝宝石玻璃表背呈现的是由宝珀金雕大师们手工完成的华美机芯纹饰，在经典设计之后隐藏着低调深沉的光华。

宝珀 5019—12B30—64A

基本信息	
发布时间	2023 年
表壳材质	钛合金
表带材质	橡胶
表径	47 毫米

宝珀5019—12B30—64A是瑞士制表商宝珀推出的男士自动机械腕表，属于五十噚系列。

背景故事

2023 年，恰逢宝珀五十噚腕表诞生 70 周年，同时为纪念“心系海洋”公益事业启动 20 周年，以及“腔棘鱼探险研究”科考项目启动 10 周年，宝珀发布了由品牌首席执行官马克·海耶克与劳伦·巴列斯塔共同研发的五十噚系列的最新表款——“腔棘鱼技术”（Tech Gombessa）腕表，其编号为宝珀 5019—12B30—64A，每枚公价为 20.9 万元人民币。该腕表揭开了现代机械潜水腕表鼻祖五十噚历史上又一重大新篇，标志着宝珀潜水腕表系列中一个崭新分支的诞生——五十噚腔棘鱼。

设计特点

宝珀 5019—12B30—64A 首次令“对长达 3 小时的潜水行动进行计时”这一艰巨任务变为可能，可应用于技术潜水或结束饱和潜水时的减压停留步骤。表壳选用 23 级钛合金，是当下所能获取的最纯净的钛合金，具有非凡的强度和抗过敏性，令表径为 47 毫米的腕表佩戴起来依旧轻盈舒适。腕表防水深度达 300 米，还配备了排氦气阀门。

宝珀 5100—1127—W52A

基本信息	
发布时间	2023 年
表壳材质	精钢
表带材质	帆布
表径	38 毫米

宝珀 5100—1127—W52A 是瑞士制表商宝珀推出的女士自动机械腕表，属于五十噚系列，具有日期显示功能。

背景故事

庆祝情人节是宝珀一直以来的传统。2023 年，宝珀首次通过五十噚系列纪念这一美好节日，推出了一款五十噚系列情人节限量版腕表，编号为宝珀 5100—1127—W52A。该腕表将爱情中的热烈冲动与细腻温柔完美集于一身。两种看似对立的特质在一枚时计中和谐共生，深刻诠释了爱情的本质。该表限量发行 99 枚，每枚公价为 7.25 万元人民币。

设计特点

宝珀 5100—1127—W52A 配备缎面磨砂精钢表壳，防水深度可达 300 米。简洁的白色表圈，自带夜光功能。3 点、6 点、9 点、12 点位置有柔粉色时标刻度，秒针尖端缀以夜光心形，同样以柔粉色勾勒出浪漫轮廓。心形图案作为爱情的永恒象征，也出现在腕表所搭载的宝珀 1150 型机芯上，为这枚品牌自主设计生产的传奇机芯画上点睛之笔。透过蓝宝石玻璃表背，机芯的坚固构造与精巧装饰皆清晰可辨。

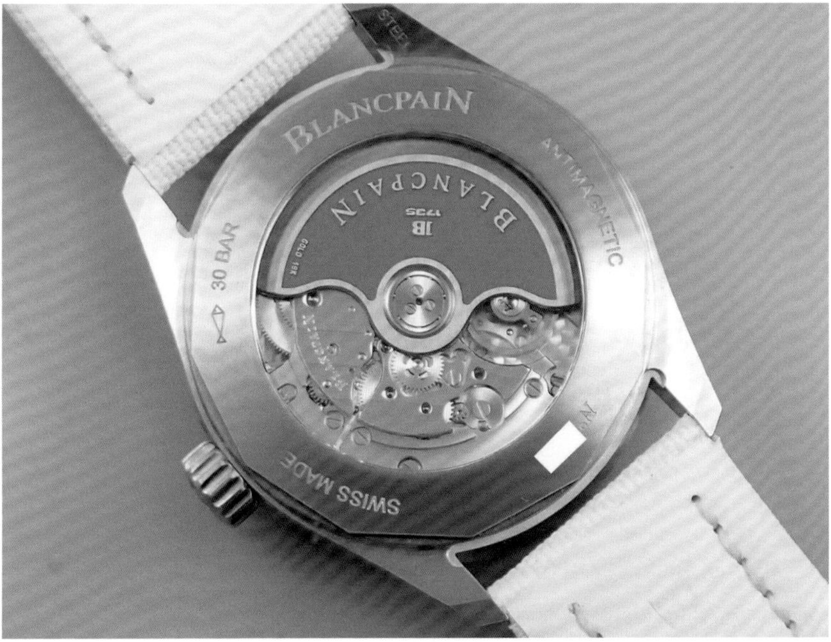

宝珀 5100—1127—W52A 背面特写

宝珀 5100—1127—W52A 佩戴效果

宝格丽 103815

基本信息	
发布时间	2023 年
表壳材质	铝
表带材质	橡胶
表径	40 毫米

宝格丽 103815 是意大利奢侈品制造商宝格丽推出的男士自动机械腕表，属于 Aluminium 系列，具有日期显示功能。

背景故事

宝格丽最初的 Aluminium 腕表于 1998 年发布，凭借着既酷炫又与众不同的外观，其迅速成为备受瞩目的热门腕表，其形象还登上了意大利航空波音 747 的机身。2020 年，宝格丽将这一极具象征意义的表款再度带回台前，它在设计上忠实于原作，但在技术方面则有了重大改进。此后，这个系列通过引入 GMT 版本以及各种限量 / 特别版作品又进一步地扩大了自身阵容。宝格丽 103815 是 2023 年上市的特别版，限量发行 1000 枚，每枚公价为 2.66 万元人民币。

设计特点

宝格丽 103815 专为迷人的卡普里岛打造，淋漓尽致地诠释了宝格丽的地中海根源。整面表盘采用渐变手法来演绎，从顶部的浅蓝色调逐渐过渡至底部的深蓝色，秒指针上点缀有黄色。该表防水深度为 100 米，搭配蓝色橡胶表圈和表带。表背为密底设计，上面雕刻有卡普里奇岩的图案，这是卡普里岛附近的一座海洋岩石峰，它经由海浪侵蚀形成，拥有着独特且壮观的美景，因而也成为卡普里岛最著名的地标之一。

伯爵 G0A38028

基本信息	
发布时间	2010 年
表壳材质	白金、钻石
表带材质	白金、钻石
表径	38 毫米

伯爵 G0A38028 是瑞士制表商伯爵推出的白金镶钻腕表，属于非凡珍品系列。

背景故事

伯爵非凡珍品系列秉承“超越极限、不断突破卓越的界限、给予无限惊喜”的精神，每款手表都是独一无二的独家创作，具有原创的镶嵌工艺、瑰丽的宝石、大胆的设计，并且搭载创新的复杂功能机芯。伯爵 G0A38028 是伯爵非凡珍品系列中的代表款式，每枚公价为 680 万元人民币。

设计特点

伯爵 G0A38028 的整体重量为 176.9 克，搭载 530P 自动上链机芯，机芯直径为 20.5 毫米，厚度为 3.4 毫米，振频可以达到每小时 21600 次。机芯有 196 个零件，镶有 26 颗宝石，动力储备可达 40 小时，防水深度可达 30 米。表壳材质为白金，镶嵌 429 颗圆形美钻和 80 颗方形美钻，表壳厚度为 9.9 毫米。表镜为蓝宝石水晶，表冠上镶嵌着 72 颗方形美钻。表带材质也是白金镶钻。

柏莱士 BR0392—PAF7—CE/SCA

基本信息	
发布时间	2023 年
表壳材质	陶瓷
表带材质	小牛皮
表径	42 毫米

柏莱士 BR0392—PAF7—CE/SCA 是瑞士制表商柏莱士推出的男士自动机械腕表，属于 Instruments 系列，具有日期显示功能。

背景故事

法国空军精锐部队——巡逻兵飞行表演队创立于 1953 年，翱翔天际至今数十载，被誉为全球最出色的花式飞行表演机队之一。2020 年，法国空军与柏莱士建立了紧密互信的伙伴关系。2023 年，适逢巡逻兵飞行表演队创立 70 周年，柏莱士特别呈献限量 BR03 系列以贺其盛。该表编号为柏莱士 BR0392—PAF7—CE/SCA，限量发行 999 枚。

设计特点

柏莱士 BR0392—PAF7—CE/SCA 沿用 BR03 系列的轻巧方形陶瓷表壳，表壳经黑色涂层处理，凸显设计细节对比，装配 BR—CAL.302 型自动上链机芯，具有小时、分钟、秒钟及日期显示，表壳防水深度约 100 米。柏莱士特别为其设计了一款亮丽的鲜蓝色表盘，与巡逻兵飞行表演队飞行员制服颜色呼应。表演队的标志以及 70 周年标志分别置于表盘两侧，表盘外缘含蓄地圈上法国国旗的蓝、白、红三种颜色。

柏莱士 BR0392—PAF7—CE/SCA 表盘特写

柏莱士 BR0392—PAF7—CE/SCA 佩戴效果

法穆兰 8888 GSW T CCR QPS NR

基本信息	
发布时间	2014 年
表壳材质	白金
表带材质	鳄鱼皮
表径	61 毫米

法穆兰 8888 GSW T CCR QPS NR 是瑞士制表商法穆兰推出的男士自动机械腕表，属于 Aeternitas/Mega 系列。

背景故事

Aeternitas/Mega 系列是世界上最复杂的腕表之一，它的功能配置甚至超过在业内声名显赫的百达翡丽超级复杂计时系列。而且它汇聚了法穆兰在钟表复杂功能艺术方面的卓越成果，融合了大师风范与娴熟的钟表技艺。作为该系列的杰出代表，法穆兰 8888 GSW T CCR QPS NR 所具有的功能数量与复杂程度令人叹为观止。为了能够良好地实现这些功能，该腕表搭载了 1 个两段式上条柄轴、7 个功能按钮和 4 个校正器，这样的配置在腕表领域是极少见的。该腕表每枚公价高达 1400 万元人民币。

设计特点

法穆兰 8888 GSW T CCR QPS NR 的表壳由白金打造，并经过 PVD 涂层的修饰，呈现黝黑的色彩，黝黑之中又闪烁着些许光泽。表盘也是黑色的，上面饰有细而密的太阳纹冲压白色烤漆纹饰，加上表盘上红色刻度和图案的点缀，使整枚腕表别具特色。而且复杂的功能所需的众多显示盘，充斥着盘面，繁杂却又井井有条，为腕表增加了众多时尚和前卫的元素。尤其是 12 点位置下方的月相显示盘，就像一只镶嵌在表盘上的眼睛。

格拉苏蒂原创七零年代大日历计时

基本信息	
发布时间	2022 年
表壳材质	精钢
表带材质	精钢 / 橡胶
表径	40 毫米

格拉苏蒂原创 70 年代大日历计时腕表是德国制表商格拉苏蒂推出的男士自动机械腕表，属于复古系列。

背景故事

鲜亮的色彩和绮丽的图案是盛行于 20 世纪 70 年代的时尚风格之一。俱乐部如雨后春笋般涌现，舞者们的服饰如彩虹般瑰丽绚烂，犹如舞动的精灵点亮都市之夜。2022 年，格拉苏蒂原创从 20 世纪 70 年代的迪斯科热潮中汲取灵感，将当时最风靡的两种色彩呈现于腕表的方寸之间：象征着憧憬自由和轻松愉悦的电音蓝，以及充满生命热忱、追逐及时行乐的活力橙。电音蓝款（格拉苏蒂原创 1—37—02—11—02—70）和活力橙款（格拉苏蒂原创 1-37-02-10-02-70）分别限量发行 100 枚，每枚公价为 12.15 万元人民币。

设计特点

格拉苏蒂原创 70 年代大日历计时腕表的精钢表壳沿袭该系列一贯的圆角方形和凌厉线条美感，适合多种场景，佩戴舒适。手工打造的 37—02 型自动上链机芯具备超凡的精准性与稳定性，与复古设计相得益彰。透过蓝宝石水晶玻璃表底盖，可尽情欣赏机芯的迷人律动和精美装饰。机芯的动力储存为 70 小时，防水深度为 100 米，同时搭载飞返计时功能，是日常佩戴的理想伴侣。

格拉苏蒂原创 1—39—60—01—01—04

基本信息	
发布时间	2023 年
表壳材质	玫瑰金
表带材质	鳄鱼皮
表径	42 毫米

格拉苏蒂原创 1—39—60—01—01—04 是德国制表商格拉苏蒂原创推出的男士自动机械腕表，属于复古系列。

背景故事

20 世纪 60 年代人们崇尚自我表达，对变革充满渴望，对未知充满好奇。时至今日，他们对音乐、时尚和建筑的深远影响仍触目可及。2023 年 6 月，格拉苏蒂的原创设计师从 20 世纪 60 年代的流行风尚中汲取灵感，打造出一款全新腕表，凸显 20 世纪 60 年代的精神并与当下完美融合。该腕表编号为格拉苏蒂原创 1—39—60—01—01—04，每枚公价为 12.9 万元人民币。

设计特点

格拉苏蒂原创 1—39—60—01—01—04 共有三根指针，其中走速最快的小秒针设于 6 点位置，让时光飞逝的步伐自成一道引人注目的风景。小秒盘设于电镀银色表盘之上，饰有雅致的黑胶唱片纹。指针、时标及数字的色彩与玫瑰金表壳一脉相承，字体则与 20 世纪 60 年代的风格遥相呼应。蓝宝石水晶玻璃双面防反光表镜让时间一目了然，拱形结构与略微弯曲的表盘和指针相映成趣。雾面绿色路易斯安那鳄鱼皮表带进一步凸显 20 世纪 60 年代设计的时尚感，深绿色调为经典复古造型注入一丝新鲜活力。

格拉苏蒂原创 1—39—60—01—01—04 正面特写

格拉苏蒂原创 1—39—60—01—01—04 背面特写

劳力士 6062“保大”

基本信息	
发布时间	1950 年
表壳材质	黄金
表带材质	黄金
表径	36 毫米

劳力士 6062“保大”（Bao Dai）是瑞士制表商劳力士于 20 世纪 50 年代推出的自动机械腕表。

背景故事

劳力士 6062 诞生于 1950 年，是劳力士第一款量产的自动三历月相防水腕表，也是劳力士最复杂的腕表之一。该腕表有三种表壳材质：黄金、玫瑰金、不锈钢，共制作了 1300 多枚。但是，拥有钻石刻度的黑面腕表仅有 3 枚，其中就包括第一任主人为越南末代皇帝保大的劳力士 6062“保大”。按家族传统，保大于 1954 年在日内瓦购买了这枚腕表。2017 年 5 月富艺斯于日内瓦举办的拍卖会上，劳力士 6062“保大”以 506 万美元的价格成交，成为当时最贵的劳力士腕表。

设计特点

劳力士 6062“保大”采用黄金蚝式表壳、黑色表盘和钻石时标，并在偶数时标位置镶嵌了钻石。该腕表搭载劳力士专门研发的 Caliber 655 自动上链机芯，其月相采用金质底盘加蓝色内填珐琅，有一张生动的面孔。很少有月相表将月亮如此拟人化，其眉毛、眼睛、鼻子、嘴巴虽然只有寥寥几笔，却足够传神。劳力士 6062“保大”的日历有 5 种语言备选，即法语、英语、德语、意大利语、西班牙语。

劳力士 6062“保大”表盘特写

劳力士 6062“保大”佩戴效果

劳力士 116233

基本信息	
发布时间	1957 年
表壳材质	黄金 / 不锈钢
表带材质	黄金 / 不锈钢
表径	36 毫米

劳力士 116233 是瑞士制表商劳力士于 20 世纪 50 年代推出的自动机械腕表，属于日志型。

背景故事

1945 年，劳力士日志型 36 毫米腕表诞生。20 世纪上半叶，人们认为小表径的腕表更加儒雅绅士，所以 36 毫米表径的腕表最受欢迎。1950 年，日志型腕表开始搭配劳力士特有的五珠链带。1957 年，日志型腕表进一步改变设计风格，增加了劳力士专利凸透镜日历显示窗和“狗牙圈”（表圈上的齿状装饰），历史上最经典、辨识度最高的日志型腕表由此诞生。劳力士设计团队认为，全金的日志型腕表容易磨损，而全钢的腕表又过于朴素。为了解决上述问题，也为了能够俘获更多的中产消费人群，劳力士开始在经典的日志型腕表设计上增加间金的设计，并且将这类日志型腕表统一赋予编号：116233。自诞生以来，劳力士 116233 已经售出几十万枚。

设计特点

劳力士 116233 代表了劳力士腕表的精髓：简单可靠，坚如磐石。该表拥有标志性的“狗牙圈”和五珠链带，辨识度极高。作为劳力士的看家技术，蚝式防水和自动上链机芯也没有缺席。劳力士 116233 还设置了日历视窗，兼备天文台认证。

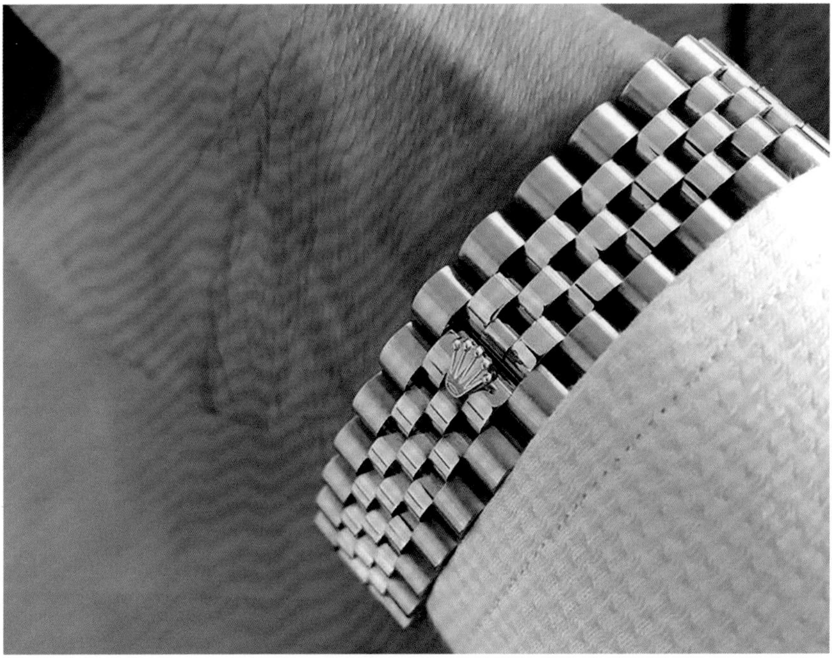

劳力士 116233 的间金表带特写

劳力士 116233 佩戴效果

劳力士 1675

基本信息	
发布时间	1959 年
表壳材质	不锈钢
表带材质	不锈钢
表径	40 毫米

劳力士 1675 是瑞士制表商劳力士于 20 世纪 50 年代末推出的男士自动机械腕表，属于格林尼治型。

背景故事

劳力士于 1954 年推出第一代格林尼治型腕表——劳力士 Ref. 6542，当时是为了泛美航空机师们因航空时差所需设计的。20 世纪 50 年代末，格林尼治型腕表迎来升级，也就是焕然一新的劳力士 Ref. 1675。这款腕表是劳力士历史上的畅销款式，从 20 世纪 60 年代一直售卖至 80 年代。在 2019 年 12 月的富艺斯“游戏改变者”主题拍卖会上，一枚曾属于美国好莱坞影视演员马龙 • 白兰度的劳力士 1675 以 195.2 万美元的价格成交。

设计特点

劳力士 1675 与上一代格林尼治型腕表的区别是表冠位置加入了护肩，表盘上加入“Superlative Chronometer Officially Certified”（官方认证顶级天文台精密时计）字样，表面时标也被加大。指针方面，起初采用较细的指针，后来改为较大的三角指针。红蓝配色的“百事圈”一直是格林尼治型腕表的主角，劳力士 1675 也不例外，直到 1970 年才推出全黑表圈的版本。

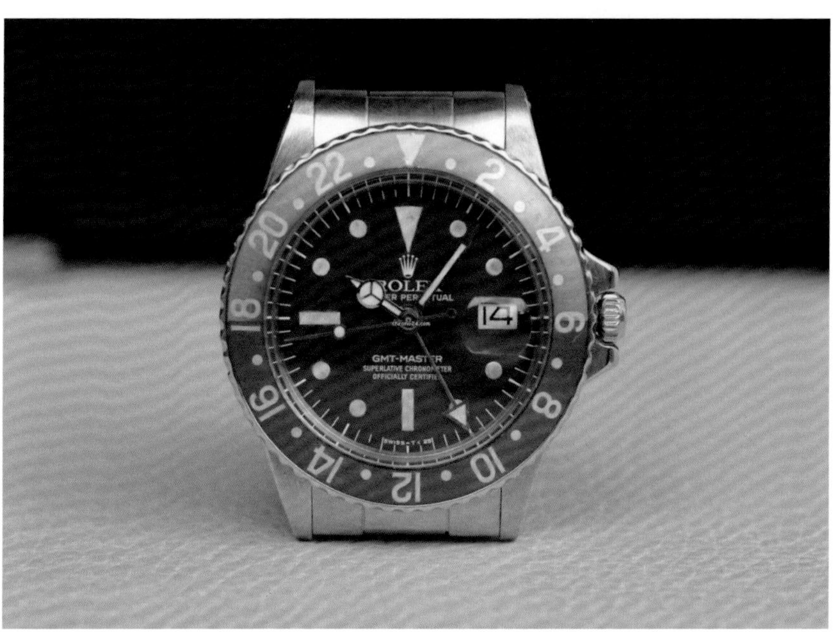

劳力士 1675 正面特写

劳力士 1675 佩戴效果

劳力士 16610LV

基本信息	
发布时间	2003 年
表壳材质	不锈钢
表带材质	不锈钢
表径	40 毫米

劳力士 16610LV 是瑞士制表商劳力士于 21 世纪初推出的潜航者型 50 周年纪念版，俗称“绿水鬼”。

背景故事

劳力士于 1953 年推出的蚝式恒动潜航者型是世界上第一款防水深度达 100 米的腕表，自诞生以来一直是潜水腕表的杰出代表。它为深海潜水和海洋探索开辟了新天地。劳力士潜航者型腕表的适用范围还从海洋延伸到陆地，成为运动腕表的象征。时至今日，劳力士潜航者型腕表的防水深度已达 300 米，有多种款式供消费者选择。其中，劳力士于 2003 年推出的潜航者型 50 周年纪念版拥有极高的关注度，虽然不限量，但产量不高。该腕表刚一上市就引发抢购，一些热卖地区甚至超公价销售，直到 2006 年价格才趋于正常。2010 年停产时，再度引发集中收藏热潮。

设计特点

劳力士 16610LV 的绿色表圈非常醒目，与黑色表盘形成鲜明对比。表圈材质是铝合金，这意味着随着时间的流逝，它们会逐渐磨损。这与当下耐磨损的陶瓷表圈不同。劳力士 16610LV 有 5 种不同的表圈，主要区别是颜色和字体。该表搭载劳力士 3135 型机芯，具有 48 小时的动力储存。

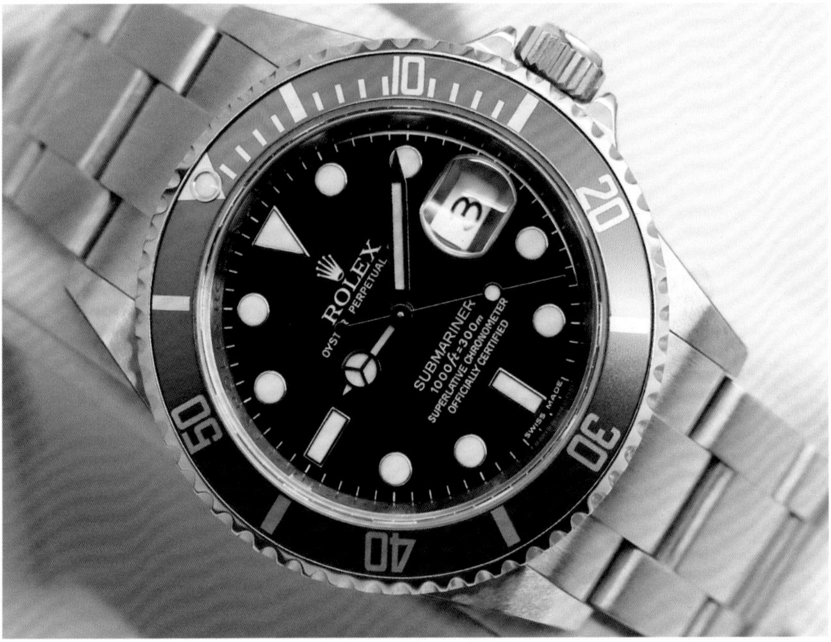

劳力士 16610LV 表盘特写

劳力士 16610LV 佩戴效果

劳力士 116769TBR—74779B

基本信息	
发布时间	2007 年
表壳材质	白金、钻石
表带材质	白金、钻石
表径	40 毫米

劳力士 116769TBR—74779B 是瑞士制表商劳力士推出的男士自动机械腕表，属于格林尼治型 II，具有日期显示、GMT 功能。

背景故事

劳力士于 1954 年推出的格林尼治型专为显示两个不同时区的时间而设计，推出之初旨在为环球旅行的专业人士助航。1982 年问世的格林尼治型 II 传承原款腕表精神，并搭载新一代机芯，确保方便使用。其卓越功能、可靠性能及独特美学设计，让它广受旅游人士拥戴。劳力士 116769TBR—74779B 是格林尼治型 II 在售表款中价格较高的一款，每枚公价高达 450.52 万元人民币。

设计特点

劳力士 116769TBR—74779B 的表壳、表圈、表带、表盘都密集镶满施华洛世奇美钻，呈现特殊的斑马纹，看上去奢华至极。由于表圈镶满钻石，格林尼治型独特的表圈大数字就没有了。该腕表采用三扣锁上链表冠，具有较强的防水能力。同时，该表采用劳力士自主研制的 3186 型自动上链机芯，除了传统的时针、分针、秒针外，还配有 24 小时指针以显示第二时区。

劳力士 116769TBR

基本信息	
发布时间	2007 年
表壳材质	白金、钻石
表带材质	白金、钻石
表径	40 毫米

劳力士 116769TBR 是瑞士制表商劳力士于 21 世纪初推出的自动机械腕表，属于格林尼治型 II。

背景故事

劳力士 116769TBR 于 2007 年发布。2018 年 9 月 1 日，劳力士官方发布了 2018—2019 年中国大陆的《参考价目表》，将所有在售款的官方公价进行了公示。其中，官方公价最高的一款便是劳力士 116769TBR，每枚公价高达 475.65 万元人民币。

设计特点

劳力士 116769TBR 镶有大量钻石，极其抢眼。表盘、表圈及链带等处镶上的白钻，总重量达 30 克拉。表圈及链带上的钻石以长方形切割整齐排列。表盘以波浪纹设计，镶上圆形切割的白钻。白钻闪耀人前固然是亮点，表壳及链带的用料也非常讲究，以白金制成。表壳厚度为 13 毫米，防水深度达 100 米。劳力士自行研制的 3186 型自动上链机芯可提供 50 小时的动力储存。除了传统的时针、分针、秒针外，该腕表还配有 24 小时指针以显示第二时区。另外，3 点位置设有日历窗。

劳力士 116610LV

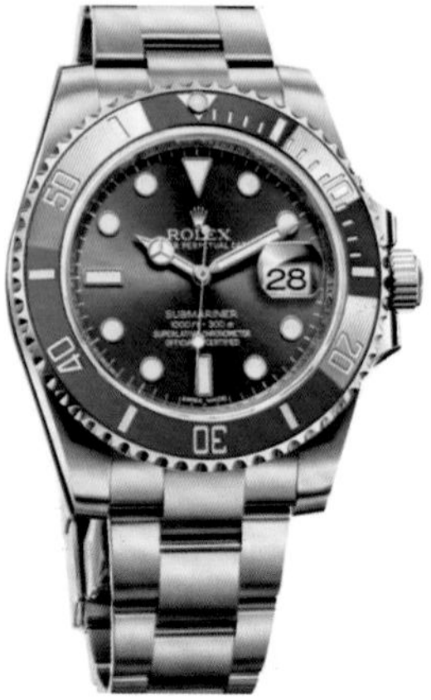

基本信息	
发布时间	2010 年
表壳材质	不锈钢
表带材质	不锈钢
表径	40 毫米

劳力士 116610LV 是瑞士制表商劳力士推出的潜航者型腕表，由劳力士 16610LV 腕表修改而来，所以被称作新一代“绿水鬼”。

背景故事

劳力士 116610LV 是劳力士 16610LV 的后继款型，于 2010 年上市。其换装陶瓷字圈，不仅表圈为绿色，表盘也以绿色呈现。尽管已经上市十余年，但该表仍然供不应求，每枚公价约 7 万元人民币，但二级市场售价已经超过 11 万元人民币。

设计特点

劳力士 116610LV 采用 904L 不锈钢表壳。904L 不锈钢广泛应用于航空、化工行业，具备较强的抗腐蚀性能。独树一帜的劳力士表盘，令劳力士 116610LV 更易识别，读时更容易。钟点标记以持久亮泽的 18K 金制成。该表配备可防止意外开启的蚝式保险扣，以及无须使用任何工具便可轻松使用的 Glidelock 延展系统，可逐步延伸或缩短表带，佩戴更为舒适妥帖。劳力士 116610LV 采用劳力士自主研制的 3135 自动上链机芯。机芯装配蓝铌游丝，有助于抵抗撞击及温度变化所带来的影响。

劳力士 116610LV 及其表盒

劳力士 116610LV 佩戴效果

劳力士 116598 RBOW

基本信息	
发布时间	2012 年
表壳材质	黄金、钻石
表带材质	黄金
表径	40 毫米

劳力士 116598 RBOW 是瑞士制表商劳力士推出的自动机械腕表，属于宇宙计型迪通拿系列。

背景故事

2012 年的巴塞尔表展上，劳力士推出了第一代彩虹迪通拿，型号为 Ref.116598 RBOW，RBOW 为英文“rainbow”（彩虹）的缩写。该腕表和常规贵金属版迪通拿的基础配置并无太大区别，均搭载劳力士自主研制的 4130 机芯。最大的变化是将原本的数字测速外圈去掉，换成宝石圈，这些宝石颜色呈规律渐变，与彩虹类似。同时表壳表耳、护肩上镶嵌有圆形钻石。但是，在经过短暂的生产后，该表就停产了，因为它需要的渐变宝石很难凑齐，劳力士将宝石库存用完后不得不将其停产。每枚劳力士 116598 RBOW 的公价为 73 万元人民币。

设计特点

劳力士 116598 RBOW 的表壳和表带都采用黄金锻造，在表圈上还有一圈手工切割的彩钻。钻石一直延伸到时标和表壳外部，一直到护桥还分布着一些零星的碎钻，这些钻石的重量加起来共有 3.26 克拉。劳力士 116598 RBOW 有自动和手动两种上链方式，并有飞返计时功能。

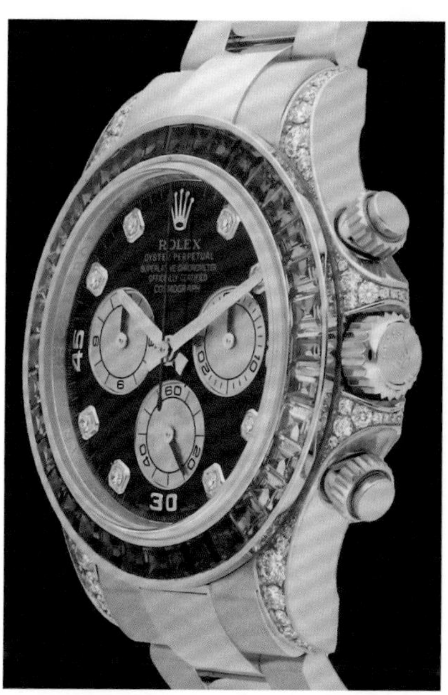

劳力士 116598 RBOW 表冠特写

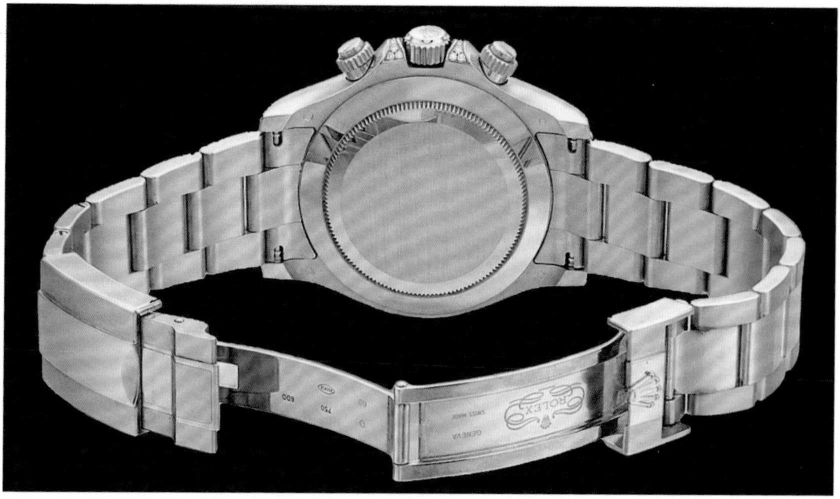

劳力士 116598 RBOW 背面特写

劳力士 18956—74746

基本信息	
发布时间	2016 年
表壳材质	铂金
表带材质	铂金、钻石
表径	39 毫米

劳力士 18956—74746 是瑞士制表商劳力士推出的男士自动机械腕表，属于星期日历型，具有日期显示、星期显示功能。

背景故事

20 世纪 50 年代，人与人之间的距离拉近，信息传递的速度也与日俱增。在汉斯·威尔斯多夫“日期与星期均至关重要”的理念带领下，劳力士致力研发能够清晰显示星期日历且适合日常佩戴的表款。1956 年问世的星期日历型被称为蚝式恒动系列的“元首之表”，进一步升华日志型于 1945 年推出时的价值观。星期日历型具有前所未有的创新设计，在 12 点位置的弧形窗显示星期全写，设计独特，易于辨识。星期日历型专为需要完全掌握日程的人士而设计。劳力士 18956—74746 是星期日历型在售表款中价格较高的一款，拥有瑞士天文台认证，每枚公价高达 227.28 万元人民币。

设计特点

劳力士 18956—74746 采用稀有的陨石表盘，盘面看上去层次丰富，纹路细腻。表壳、表圈、表冠、表带、表扣均采用铂金材质，其中表圈和表带镶嵌了钻石。表镜材质为蓝宝石水晶。该腕表采用劳力士 3155 型自动上链机芯，振频为每小时 28 800 次，动力储备为 48 小时。

劳力士 m86405rbr—0001

基本信息	
发布时间	2018 年
表壳材质	玫瑰金、钻石
表带材质	玫瑰金、钻石
表径	39 毫米

劳力士 m86405rbr—0001 是瑞士制表商劳力士推出的女士自动机械腕表，属于 Pearlmaster 系列，具有日期显示功能。

背景故事

自 1992 年问世以来，劳力士 Pearlmaster 系列便凭借典雅线条与珍贵材质，以优雅设计与独特风格的巧妙平衡而独树一帜。该系列腕表的表壳线条圆滑优雅，其特点为独特的富丽表盘及精巧细致的钻石镶嵌。劳力士 m86405rbr—0001 是 Pearlmaster 系列在售表款中价格较高的一款，拥有瑞士天文台认证，每枚公价高达 162.19 万元人民币。

设计特点

劳力士 m86405rbr—0001 的防水深度为 100 米，其表壳、表带、表扣均为玫瑰金材质，表镜材质为蓝宝石水晶，带有防反光凸透式放大日历窗。表壳、表带和表盘均镶嵌了钻石。该表采用劳力士 3235 型自动上链机芯，配备顺磁性蓝色 Parachrom 游丝、高性能 Paraflex 缓震装置，动力储备为 70 小时。

劳力士 m226679TBR—0001

基本信息	
发布时间	2021 年
表壳材质	白金、钻石
表带材质	橡胶
表径	42 毫米

劳力士 m226679TBR—0001 是瑞士制表商劳力士推出的中性自动机械腕表，属于游艇名仕型，具有日期显示功能。

背景故事

游艇名仕型是劳力士专门为游艇赛事打造的腕表，诞生于 1992 年，采用蚝式结构。最初推出了三种尺寸，即 40 毫米、35 毫米、29 毫米，照顾到了女性或是手腕较纤细客户的需求。后来，又陆续推出了其他尺寸。劳力士 m226679TBR—0001 是游艇名仕型在售表款中价格较高的一款，每枚公价高达 96.98 万元人民币。

设计特点

劳力士 m226679TBR—0001 的表壳、表圈均为白金镶钻材质，表镜材质为蓝宝石水晶。该腕表采用劳力士 3235 型自动上链机芯，动力储备为 70 小时。机芯配置劳力士专利 Chronergy 擒纵系统，高效可靠。该擒纵系统以镍磷合金制成，不受高强度磁场干扰。另外，机芯还配备了蓝色 Parachrom 游丝，该游丝以劳力士铸造的独特顺磁性合金制成。即使温度变化，游丝仍然十分稳定，而且具备出色的抗震性能。

劳力士 m279459rbr—0001

基本信息	
发布时间	2021 年
表壳材质	白金、钻石
表带材质	白金、钻石
表径	28 毫米

劳力士 m279459rbr—0001 是瑞士制表商劳力士推出的女士自动机械腕表，属于女装日志型，具有日期显示功能。

背景故事

1945 年诞生的日志型腕表一直是劳力士的标志性表款。而 1957 年问世的女装日志型腕表，是日志型腕表的女装演绎，凝聚了日志型的精髓。女装日志型腕表优雅隽永，功能完备，将经典元素浓缩在小巧玲珑的 28 毫米表壳里。其表盘款式众多，堪为蚝式恒动系列中最多变的腕表。劳力士 m279459rbr—0001 是女装日志型在售表款中价格较高的一款，拥有瑞士天文台认证，每枚公价高达 111.32 万元人民币。

设计特点

劳力士 m279459rbr—0001 的防水深度为 100 米，其表壳、表圈、表带均为白金镶钻材质，表镜材质为蓝宝石水晶。表圈镶嵌了 44 颗圆形钻石，表带镶嵌了 596 颗圆形钻石，表盘镶嵌了 291 颗圆形钻石。该腕表采用劳力士 2236 型自动上链机芯，动力储备为 55 小时。

劳力士 m126506—0001

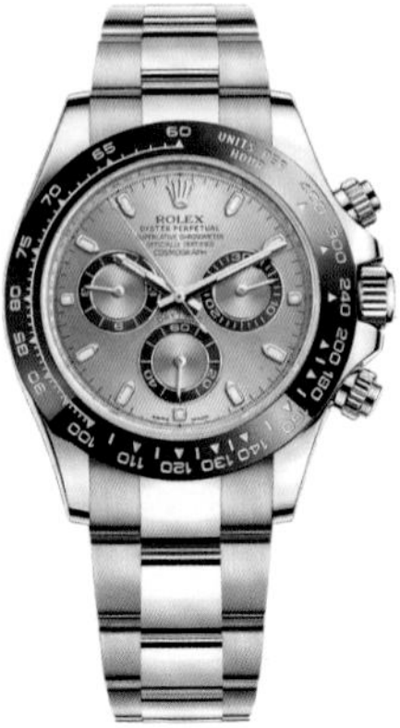

基本信息	
发布时间	2023 年
表壳材质	铂金
表带材质	铂金
表径	40 毫米

劳力士 m126506—0001 是瑞士制表商劳力士推出的男士自动机械腕表，属于宇宙计型迪通拿系列，具有计时功能。

背景故事

在 2023 年 3 月的日内瓦高级钟表展上，劳力士在迪通拿系统诞生 60 周年之际推出了劳力士 m126500 系列腕表，在表圈、表盘和机芯等方面都有较大的改动升级。其中，铂金表壳、冰蓝表盘的劳力士 m126506—0001 突破性地配备了透明底盖，成为迪通拿系列首款透明底盖的运动腕表，每枚公价为 60.77 万元人民币。历史上劳力士也曾推出过少量的透明底盖的切利尼系列腕表，但在运动腕表款上采用透明底盖还属首次。

设计特点

劳力士 m126506—0001 的表壳厚度为 11.9 毫米，防水深度为 100 米。与以往的迪通拿腕表相比，劳力士 m126506—0001 的表盘设计更加精致，例如，小时刻度变得修长，计时圈的刻度环宽度变得稍窄，12 点位置“ROLEX”字样下方的文字变得纤细。该腕表搭载劳力士 4131 自动上链机芯，装有 47 颗宝石，配备特大惯性微调平衡摆轮。振频为每小时 28 800 次，动力储备为 72 小时。

劳力士 m126506—0001 背面特写

劳力士 m126506—0001 佩戴效果

劳力士 m52509—0002

基本信息	
发布时间	2023 年
表壳材质	白金
表带材质	鳄鱼皮
表径	39 毫米

劳力士 m52509—0002 是瑞士制表商劳力士推出的男士自动机械腕表，属于恒动 1908 型。

背景故事

劳力士 m52509—0002 是劳力士在 2023 年日内瓦“钟表与奇迹”高级钟表展上推出的恒动 1908 型新表款。“恒动 1908 型”这个名称旨在致敬劳力士创始人汉斯 • 威尔斯多夫于 1908 年为品牌命名并在瑞士注册品牌商标。恒动 1908 型腕表延续劳力士源远流长的创新精髓，经典优雅而又不失现代风范。劳力士 m52509—0002 拥有瑞士天文台认证、劳力士认证，每枚公价为 18.19 万元人民币。

设计特点

劳力士 m52509—0002 的表壳厚度为 9.5 毫米，防水深度为 50 米。表壳、表圈、表冠、表扣均为白金材质，表镜材质为蓝宝石水晶。该腕表采用劳力士 7140 型自动上链机芯，装有 38 颗宝石，配备惯性微调平衡摆轮。振频为每小时 28 800 次，动力储备为 66 小时。

劳力士 m52509—0002 表盘特写

劳力士 m52509—0002 背面特写

理查德米勒 RM 27—01

基本信息	
发布时间	2013 年
表壳材质	碳纤维
表带材质	织物
表径	45.98 毫米

理查德米勒 RM 27—01 是瑞士制表商理查德米勒推出的男士自动机械腕表，具有计时、陀飞轮、全镂空等功能。

背景故事

理查德米勒 RM 27—01 是一款淋漓尽致地展现品牌坚持的轻量和坚固理念的作品。当时，理查德米勒决心打造一款机芯悬挂在表壳中央的腕表，并希望它能打破世界最轻机械腕表的纪录。2013 年，理查德米勒 RM 27—01 问世，这款腕表包括最重的表带在内，重量仅为 18.83 克，成功刷新了世界纪录。该腕表限量发行 50 枚，每枚公价为 1937.1 万元人民币。

设计特点

理查德米勒 RM 27—01 的底板通过四根直径仅有 0.35 毫米的编织钢缆固定在表壳上。结合刚性和灵活度的结构负责保护重量仅为 3.5 克的机芯，这要归功于采用 5 级钛合金打造的底板和陀飞轮托架，以及使用铝锂合金制成的发条盒和传动齿轮。这些钢索通过位于 3 点和 9 点位置的拉紧装置，以及在机芯四角具有塔桥作用的 4 个滑轮来控制钢索的张紧力。每条钢索均固定于拉紧装置上，然后再穿过上侧滑轮连至机芯，最后再回转至下侧滑轮并连至下法兰盘。将钢缆穿好之后，制表师接着用一个特殊的工具旋转张紧装置的中心环，将钢缆调紧。

理查德米勒 RM 27—01 正面特写

理查德米勒 RM 27—01 佩戴效果

朗格 363.179

基本信息	
发布时间	2019 年
表壳材质	精钢
表带材质	精钢
表径	40.5 毫米

朗格 363.179 是德国制表商朗格推出的自动机械腕表，属于奥德修斯系列，具有星期显示、大日历功能。

背景故事

2019 年，是朗格重返精密制表领域的第 25 年。1994 年 10 月 24 日，朗格第四代传人瓦尔特•朗格和他的伙伴君特•布吕莱恩揭幕了四枚腕表，将这个源自 1845 年的德国最著名的钟表品牌带回到世人面前。这一天，对朗格来讲，意义非凡。所以 25 年后，朗格选择 10 月 24 日这一天发布品牌第六个系列——奥德修斯系列。这是朗格品牌历史上第一款量产钢表，编号为朗格 363.179，每枚公价为 29.9 万元人民币。

设计特点

朗格 363.179 采用暗蓝色圆形表盘，9 点位置是星期显示窗，3 点位置是传统大日历窗。两个窗口大小一样，并且左右对称。该表搭载朗格 L155.1 自动上链机芯，机芯直径为 32.9 毫米，机芯厚度为 6.2 毫米，共有 312 个零件，装有 31 颗宝石。振频为每小时 28 800 次，动力储备为 50 小时。其摆轮以横卧式表桥固定，表桥上的波浪纹装饰花纹，也与朗格其他机芯单边固定表桥上的繁花式雕饰纹路有所不同。

朗格 363.179 侧面特写

朗格 363.179 佩戴效果

朗格 381.032

基本信息	
发布时间	2020 年
表壳材质	玫瑰金
表带材质	鳄鱼皮
表径	38.5 毫米

朗格 381.032 是德国制表商朗格推出的自动机械腕表，属于萨克森系列，具有日期显示、大日历功能。

背景故事

朗格 381.032 是 2020 年朗格品牌复兴 30 周年之际上市的萨克森大日历自动腕表全新表款，每枚公价为 26.9 万元人民币。该表采用银白色表盘，与 2018 年推出的黑色表盘款并驾齐驱。

设计特点

与朗格 1 系列的偏心大日历窗口不同，朗格 381.032 的大日历窗口被放置在正中央，12 点位置的下方。一面小秒盘又被置于它的下侧，与之形成平衡布局，这种传统中带有古板的对称性赋予了它与朗格 1 系列完全不同的正式感。朗格 381.032 搭载朗格 L086.8 自动上链机芯，机芯厚度为 5.2 毫米，由于并入了大日历功能，这种改良款机芯拥有 286 个零件而非基础自动款的 209 个零件，振频为每小时 21600 次，动力储备为 72 小时。

朗格 381.032 正面特写

朗格 381.032 佩戴效果

朗格 310.028

基本信息	
发布时间	2021 年
表壳材质	白金
表带材质	鳄鱼皮
表径	38.5 毫米

朗格 310.028 是德国制表商朗格推出的自动机械腕表，属于萨克森系列，具有星期显示、月份显示、年历显示、大日历、万年历、月相功能。

背景故事

朗格 310.028 是朗格自动上链万年历腕表面世 20 周年之际上市的纪念款，限量发行 50 枚，每枚公价为 70.7 万元人民币。朗格自动上链万年历腕表于 2001 年 3 月推出，是朗格首款也是唯一一款配备万年历的自动上链腕表，并配备朗格标志性大日历显示、归零功能，以及可同步推进各项日历显示的主校准按钮。如今，这款腕表的地位仍未被超越。

设计特点

朗格 310.028 配备实心银蓝色表盘。在深色背景的映衬之下，罗马数字镶嵌在缀以纹饰的背景结构上，显得格外引人注目。指针、罗马数字镶嵌刻度和月相盘，均由白金镀铑制成。时针、分针、星期和月份显示指针，以及沿分钟刻度依次排列的小时时标均具备夜光功能。腕表搭配深蓝色皮革表带和白金针扣，令其更显和谐之美。该表搭载朗格 L922.1 Sax-0-Mat 型自动上链机芯，配备朗格研发的归零装置。当拉出表冠后，摆轮随即停止，秒针归零，简化并加快了时间设置的过程。

朗格 310.028 背面特写

朗格 310.028 佩戴效果

欧米茄 227.60.55.21.03.001

基本信息	
发布时间	2015 年
表壳材质	Sedna 18K 金、钛金属
表带材质	钛金属 / 橡胶
表径	55 毫米

欧米茄 227.60.55.21.03.001 是瑞士制表商欧米茄推出的男士自动机械腕表，属于海马系列，具有防磁功能。

背景故事

著名的欧米茄 Ploprof 1200 米潜水表历史悠久，性能卓越，即便潜入 1200 米的深海，依然精准可靠，是欧米茄专业潜水表的经典之作。欧米茄 227.60.55.21.03.001 是 2015 年上市的 Ploprof 1200 米潜水表新作，每枚公价为 13.92 万元人民币。

设计特点

欧米茄 227.60.55.21.03.001 沿袭原型表款的坚固设计和大胆造型，内部搭载升级的欧米茄 8912 型至臻天文台机芯，其在精准度、防磁性和整体性能方面均达到行业的更高标准。表壳采用 Sedna 18K 金与 5 级钛金属材质打造，佩戴轻盈舒适，配备抛光蓝色陶瓷表圈。指针和小时刻度由 Sedna 18K 金制成，并覆有夜光涂层，确保在黑暗环境下读时清晰，与蓝色亮漆表盘相得益彰。这款精致卓越的腕表令人不禁联想到海洋的深邃色调，搭配抛光钛金属"防鲨"网状表链，尽显非比寻常的冒险精神。腕表以特制表盒承载，另附一条电光蓝色橡胶表带。

欧米茄 227.60.55.21.03.001 正面特写

欧米茄 227.60.55.21.03.001 佩戴效果

欧米茄 513.98.39.21.56.001

基本信息	
发布时间	2015 年
表壳材质	铂金
表带材质	皮革
表径	38.7 毫米

欧米茄 513.98.39.21.56.001 是瑞士制表商欧米茄推出的男士自动机械腕表，属于碟飞系列，具有陀飞轮、全镂空功能。

背景故事

碟飞（De Ville）系列是欧米茄品牌的古典优雅产品线。“De Ville”在法文中是“都会”的意思。自 20 世纪 60 年代碟飞系列腕表诞生以来，始终保持着都会绅士淑女的优雅气息。欧米茄 513.98.39.21.56.001 是 2015 年上市的碟飞系列新作，拥有瑞士天文台认证，每枚公价高达 542.95 万元人民币。

设计特点

欧米茄 513.98.39.21.56.001 的防水深度为 30 米，其表壳、表圈、表冠、表扣（折叠扣）均为铂金材质，表圈镶嵌了钻石。表镜材质为弧拱形双面防反光耐磨损蓝宝石水晶，表盘为圆形镂空设计，配备棒状时标。该表采用欧米茄 2637 型自动上链机芯，动力储备为 45 小时。

帕玛强尼 PFC909—0000300—HA3282

基本信息	
发布时间	2020 年
表壳材质	精钢
表带材质	鳄鱼皮
表径	42.8 毫米

帕玛强尼 PFC909—0000300—HA3282 是瑞士制表商帕玛强尼推出的男士自动机械腕表，属于寰宇系列，具有日期显示功能。

背景故事

2020 年，为庆祝品牌创始人米歇尔 • 帕玛强尼 70 岁生日，帕玛强尼推出了新款寰宇系列 Toric Heritage 腕表，致敬这位制表大师及钟表修复大师璀璨辉煌的职业生涯。这款精致优雅、美轮美奂的时计佳作延续了米歇尔 • 帕玛强尼制作的第一款腕表作品的基因，限量发行 70 枚，每枚公价为 18.5 万元人民币。

设计特点

帕玛强尼 PFC909—0000300—HA3282 采用精钢材质，蓝色表盘上饰有大麦粒主题图案。作为寰宇系列的全新力作，该腕表完美诠释了古希腊艺术及其所崇尚的黄金分割比例对米歇尔 • 帕玛强尼先生产生的深远影响。该表搭载品牌自制 PF441 自动上链机芯，瑞士官方天文台认证确保了其精密的走时功能，透过表背的蓝宝石镜面可以细致观察金质摆陀装点的机芯带来的工艺美学。标枪形指针指示小时、分钟与秒，6 点位置设有日历显示，搭配深蓝色爱马仕鳄鱼皮表带为这款精美时针画上点睛之笔。

帕玛强尼 PFH279—1064600—HA2121

基本信息	
发布时间	2020 年
表壳材质	玫瑰金
表带材质	鳄鱼皮
表径	40.2 毫米

帕玛强尼 PFH279—1064600—HA2121 是瑞士制表商帕玛强尼推出的女士自动机械腕表，属于 TONDA CLASSIC 系列，具有陀飞轮功能。

背景故事

2020 年 3 月，帕玛强尼推出 TONDA 系列 1950 双彩虹飞行陀飞轮腕表，编号为帕玛强尼 PFH279—1064600—HA2121。该腕表是在 2019 年发布的 TONDA 系列 1950 彩虹陀飞轮腕表的基础上改进而来。光芒夺目的陀飞轮与璀璨耀眼的钻石“雨”相映生辉，从之前的一道彩虹进化成两道更为绚丽的彩虹，堪称帕玛强尼制表技艺与珠宝工艺珠联璧合的典范杰作。该腕表每枚公价高达 167.7 万元人民币。

设计特点

在帕玛强尼 PFH279—1064600—HA2121 的表盘上，白色钻石、彩色宝石以及砂金石弯月造型相映生辉，以彩色宝石镶嵌而成的表圈同样华彩熠熠。腕表搭载品牌自制的配备铂金微型摆陀和飞行陀飞轮的 PF517 型超薄机芯，为了使腕表尽可能纤薄，整个机芯所有零部件都集成于主夹板内。设置在表盘 7 点位置的陀飞轮是为了致敬品牌创始人米歇尔•帕玛强尼——他出生于 1950 年 12 月 2 日早上 7：08 分。

帕玛强尼 PFH279—1064600—HA2121 表盘特写

帕玛强尼 PFH279—1064600—HA2121 佩戴效果

沛纳海 PAM01311

基本信息	
发布时间	2023 年
表壳材质	精钢
表带材质	精钢
表径	38 毫米

沛纳海 PAM01311 是意大利制表商沛纳海推出的中性自动机械腕表，属于庐米诺杜尔系列，具有日期显示功能。

背景故事

2023 年 5 月，沛纳海推出全新庐米诺杜尔系列 38 毫米腕表，以随性洒脱的都会气质，演绎现代腕表风尚。新作诠释沛纳海集卓越性能、美学设计与实用功能于一体的高精密时计传统，并首次采用全新的浅彩表盘配色，尽显迷人现代风范。除浅绿色表盘款（沛纳海 PAM01311）外，沛纳海还推出了浅蓝色表盘款（PAM01309）、雾粉色表盘款（PAM01319）。该表仅在沛纳海专卖店发售，每年限量发行 500 枚。

设计特点

沛纳海 PAM01311 精巧别致的三明治式表盘细节处涂覆白色夜光物料，在黑暗中泛起绿色夜光。表盘经双重润饰工艺精心抛光，呈现从上至下色泽由浅至深的渐变效果。3 点位置设有日期显示，9 点位置设有小秒盘。表盘镌刻“PANERAI”字样，呈现别致都市格调，亦巧妙衬托沛纳海首次引入的全新配色设计。

沛纳海 PAM01311 正面特写

沛纳海 PAM01319 佩戴效果

萧邦帝国珠宝彩虹

基本信息	
发布时间	2019 年
表壳材质	玫瑰金
表带材质	皮革
表径	36 毫米

萧邦帝国珠宝彩虹（Imperiale Joaillerie Rainbow）是瑞士制表商萧邦推出的高级珠宝腕表，属于萧邦帝国系列。

背景故事

萧邦帝国系列最早于 20 世纪 90 年代推出，其设计灵感源自人类历史上的伟大帝国，以华丽庄严的现代线条，致献当今时尚女王。帝国珠宝彩虹是萧邦于 2019 年推出的帝国系列新作，分为灰色和白色两种款式，编号分别为 384242—5019 和 384242—5021。两种款式的公价均为 67 万元人民币。

设计特点

萧邦帝国珠宝彩虹采用玫瑰金表壳，搭配白色或灰色的表盘及相应色系的皮革表带。表壳完全铺镶钻石。玫瑰金表圈犹如色彩瑰丽的彩虹，镶嵌各种渐变色调长方形切割蓝宝石，华丽呈现橙、黄、绿、蓝、靛、紫各种颜色。缤纷色彩与表盘和谐交融：3 点、6 点、9 点及 12 点位置设罗马数字时标，与玫瑰金表壳相得益彰。其他时标镶嵌彩色长方形切割蓝宝石，与表圈色调交相呼应。表盘由白色或黑色大溪地珍珠母贝制成，中央镶嵌钻石圆圈，呈现帝国系列标志性的阿拉伯式涡卷花纹，其灵感来自昔日帝国的织物刺绣。表盘为佩戴者提供了精致的读时背景，衬托镂空剑形时针和分针。珍珠母贝的色彩与闪烁宝石交相辉映，在表盘上呈现绮丽的光与色。

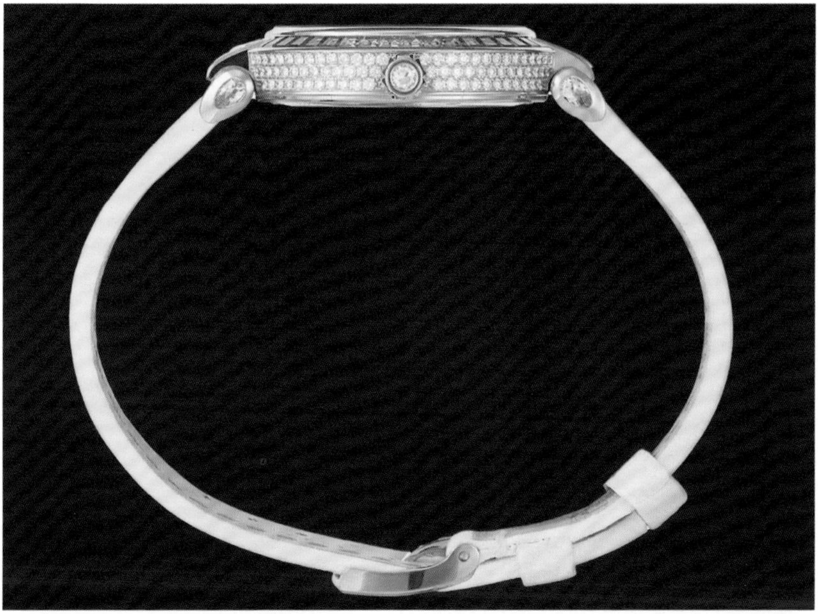

萧邦帝国珠宝彩虹（白色款）侧面特写

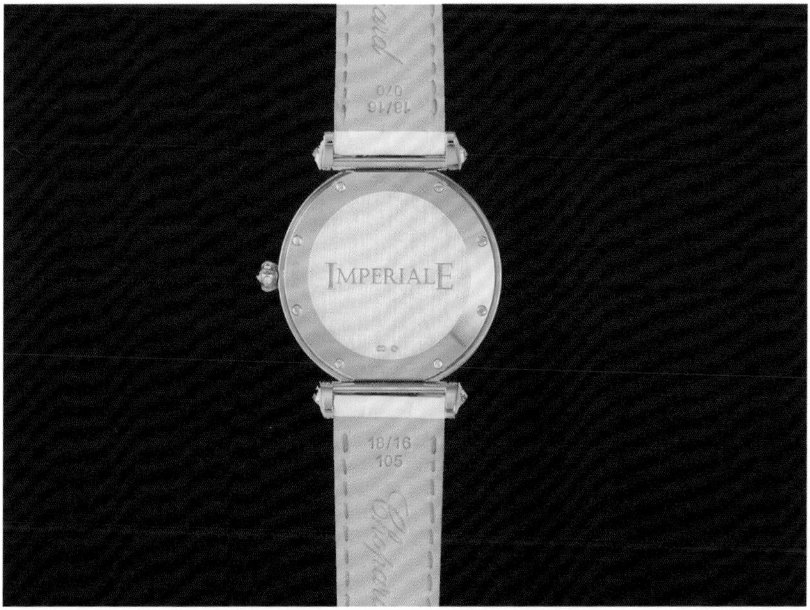

萧邦帝国珠宝彩虹（白色款）背面特写

宇舶 465.OS.1118.VR.1704.MXM18

基本信息	
发布时间	2016 年
表壳材质	王金
表带材质	橡胶、小牛皮
表径	39 毫米

宇舶 465.OS.1118.VR.1704.MXM18 是瑞士制表商宇舶推出的男士自动机械腕表，属于 Big Bang 灵魂系列。

背景故事

宇舶 465.OS.1118.VR.1704.MXM18 是宇舶与品牌大使马克西姆·普莱西娅 - 布奇合作推出的第一款腕表。马克西姆不仅是久负盛名的字体设计师、刺青师兼艺术家，同时也是 Sang Bleu 刺青工作室的创始人。在 2016 年伦敦时装周期间，宇舶与 Sang Bleu 刺青工作室合作，开启了将几何美学融入腕表设计中的探索。同年，双方合作打造的第一款腕表问世。其表盘图形的灵感源自莱昂纳多·达·芬奇的素描作品《维特鲁威人》，呈现拥有理想比例的结构。该表每枚公价为 25.44 万元人民币。

设计特点

宇舶 465.OS.1118.VR.1704.MXM18 经典的圆形表圈上方被打磨成六边形，呈现外圆内方，使腕表看上去更具三维效果。哑光黑色表盘经过环形缎面拉丝处理，显得十分深邃，表盘上的阿拉伯数字时标由马克西姆专门设计。此外，表盘的“无指针”设计也独具特色，其中最大的八角形盘代表“小时”，小八角形盘读取“分钟”，“小时”和“分钟”盘均饰以白色夜光涂层以便于读取时间。

宇舶 465.OS.1118.VR.1704.MXM18 侧面特写

宇舶 465.OS.1118.VR.1704.MXM18 佩戴效果

宇舶 418.OX.2001.RX.MXM20

基本信息	
发布时间	2020 年
表壳材质	王金
表带材质	橡胶
表径	45 毫米

宇舶 418.OX.2001.RX.MXM20 是瑞士制表商宇舶推出的男士自动机械腕表，属于 Big Bang 灵魂系列，具有日期显示、计时、飞返 / 逆跳等功能。

背景故事

宇舶 418.OX.2001.RX.MXM20 是宇舶与马克西姆•普莱西娅 - 布奇合作推出的第二款腕表。该腕表继承了宇舶与 Sang Bleu 刺青工作室首次合作时“化圆为方”的精神，同时引入六边形、菱形和三角形，在三维范畴设计造型。计时功能的加入增强了腕表的原始时间显示方式，而不会影响其可读性。该腕表限量发行 100 枚，每枚公价为 34.71 万元人民币。此外，该腕表还有钛金款（宇舶 418.NX.2001.RX.MXM20）、钛金镶钻款（宇舶 418.NX.2001.RX.1604.MXM20）、黑色陶瓷款（宇舶 418.CX.1114.RX.MXM20）、蓝色陶瓷款（宇舶 418.EX.5107.RX.MXM21）等，分别限量 200 枚。

设计特点

宇舶 418.OX.2001.RX.MXM20 的表壳厚度为 16.5 毫米，防水深度为 100 米。该腕表拥有镂空表盘或透视表背，可供人欣赏内部的宇舶 HUB1240.MXM 自动上链机芯。机芯共有 330 个零件，装有 38 颗宝石，振频为每小时 28 800 次（4 赫兹），可提供长达 72 小时的动力储备。

宇舶 418.OX.2001.RX.MXM20 表冠特写

宇舶 418.OX.2001.RX.MXM20 佩戴效果

宇舶 648.OX.0108.RX.MXM23

基本信息	
发布时间	2023 年
表壳材质	王金
表带材质	橡胶
表径	42 毫米

宇舶 648.OX.0108.RX.MXM23 是瑞士制表商宇舶推出的自动机械腕表，属于 Big Bang 灵魂系列，具有日期显示、计时功能。

背景故事

宇舶 648.OX.0108.RX.MXM23 是宇舶与马克西姆·普莱西娅 - 布奇合作推出的第三款腕表。通过重新演绎 Big Bang 灵魂腕表的线条设计，马克西姆成功实现了与双方合作的前两款腕表相同的惊艳立体效果。在设计全新腕表时，马克西姆保留了 Big Bang 灵魂腕表的独特元素，同时为其赋予了全新的美学特征、空间结构以及更具建筑感的维度设计。该腕表限量发行 100 枚，每枚公价为 37.03 万元人民币。除王金款外，宇舶还推出了钛金款（200 枚）、全黑陶瓷款（200 枚）、镶钻钛金款、镶钻王金款。

设计特点

宇舶 648.OX.0108.RX.MXM23 采用多面结构设计，马克西姆一如既往地在充满神秘色彩的迷人结构中勾勒出高度对称的立体几何图形，通过经抛光、缎面、镌刻、凿刻、倒角和刻面处理的材质呈现浮雕效果和深邃质感。六边形、菱形以及三角形交替叠加，在多种线条的交错幻影中演绎全新的造型和形态。该腕表人体工程学设计出众，无论是否配备表圈，均适合各种手腕尺寸的男士和女士佩戴。

宇舶 648.OX.0108.RX.MXM23 背面特写

宇舶 648.OX.0108.RX.MXM23 表冠特写

宇舶 301.SX.7070.VR.ZTT22

基本信息	
发布时间	2023 年
表壳材质	精钢
表带材质	小牛皮
表径	44 毫米

宇舶 301.SX.7070.VR.ZTT22 是瑞士制表商宇舶推出的自动机械腕表，属于 Big Bang 系列，具有日期显示、计时功能。

背景故事

2023 年年初，宇舶发布了两款采用原创设计的全新时计作品，第四次向品牌与采尔马特坐落于马特洪峰山脚下的瑞士标志性阿尔卑斯山滑雪度假胜地的特殊渊源致敬。作为于 2017 年首次问世的 Big Bang 采尔马特腕表系列的最新力作，这两款腕表将传统瑞士精髓与现代制表工艺相结合，充分展现了当地繁荣的滑雪文化。精钢款（男款）编号为宇舶 301.SX.7070.VR.ZTT22，精钢镶钻款（女款）编号为宇舶 341.SX.7070.1204.VR.ZTT22。

设计特点

两款腕表均采用精钢表壳，这是宇舶自 2018 年以来首次为采尔马特特别版腕表配备这种材质的表壳。男款的马特洪峰图案位于表盘 9 点位置，而女款的马特洪峰图案则位于表盘 3 点位置。同时，女款表圈镶嵌了 36 颗璀璨钻石，并采用钻石时标。每款表圈均配备钛金属螺丝，而选用钛金属材质的灵感则源于登山者对攀登装备的独特需求——具备轻便性及坚固度。

宇舶 301.SX.7070.VR.ZTT22 表盘上的马特洪峰图案

宇舶 301.SX.7070.VR.ZTT22 佩戴效果

宇舶 646.CI.0640.NR.WNA23

基本信息	
发布时间	2023 年
表壳材质	陶瓷
表带材质	织物
表径	42 毫米

宇舶646.CI.0640.NR.WNA23是瑞士制表商宇舶推出的自动机械腕表，属于 Big Bang 灵魂系列。

背景故事

2023 年年初，宇舶在中国新春之际，邀请中国画家文那打造全新新年画作，同时发布全新 Big Bang 灵魂癸卯兔年黑色陶瓷腕表，限量发行 12 枚。文那将“天干地支”中的十二时辰具象化，并别具新意地与农历新年元素融合，如花灯、舞狮等，呈现一副妙趣横生的计时世界。宇舶“融合的艺术”品牌精神亦于此得以淋漓尽致的展现。

设计特点

宇舶 646.CI.0640.NR.WNA23 承袭 Big Bang 灵魂系列标志性的酒桶形表壳，融入了 Big Bang 系列的所有经典设计元素：附有六颗“H”形螺丝的表圈、表壳两侧的表耳设计、饰有标志性“H”字样的二次成型旋入式橡胶表冠、“三明治”表壳结构。为了与表盘绚烂非凡的瑞兔贺春图形成鲜明对比，表壳由黑色陶瓷打造而成，并搭载宇舶 HUB1710 自动上链机芯，提供 50 小时动力储存。

宇舶 541.CM.1479.RX.UEL23

基本信息	
发布时间	2023 年
表壳材质	陶瓷
表带材质	橡胶
表径	42 毫米

宇舶 541.CM.1479.RX.UEL23 是瑞士制表商宇舶推出的自动机械腕表，属于经典融合系列，具有日期显示、计时功能。

背景故事

宇舶于 2015 年正式携手欧洲足联开启双方的合作伙伴关系，最初起步于欧洲冠军联赛与欧足联欧洲联赛这两项久负盛名的欧洲足坛盛事。2019 年，双方的合作进一步拓展至欧洲足联旗下全部男足、女足的国际和俱乐部赛事。2023 年 4 月，宇舶携手欧洲足联，发布了经典融合欧足联欧洲联赛陶瓷计时码表。该腕表为宇舶第二款采用欧洲足联欧洲联赛官方配色的时计作品，限量发行 100 枚。

设计特点

宇舶 541.CM.1479.RX.UEL23 由陶瓷材质打造而成，这种材质较为轻盈，在保证其性能稳定的同时为腕表提供了出众的耐磨性，坚固耐用且不易刮伤，仅次于钻石。该腕表的秒钟计时盘位于 3 点位置，象征着力量与耐力的银色和橙色指针与欧足联欧洲联赛冠军奖杯的配色遥相呼应，同时也与黑色表盘及表壳形成鲜明的视觉对比。该腕表搭载 HUB1153 自动上链机芯，配备带内衬橡胶表带。

宇舶 455.YS.0170.YS

基本信息	
发布时间	2023 年
表壳材质	碳纤维
表带材质	复合材料
表径	43 毫米

宇舶 455.YS.0170.YS 是瑞士制表商宇舶推出的自动机械腕表，属于 Big Bang 系列，具有陀飞轮功能。

背景故事

2005 年，宇舶 Big Bang 系列惊艳亮相，它将硕大、张扬的表壳设计与先进的材质完美融合在一起，因而一经面世便吸引了无数人的目光。2023 年 3 月，宇舶将微摆陀与陀飞轮放入了由超轻碳纤维和 Texalium 复合材料制成的表壳当中，推出了宇舶 Big Bang Integrated 全碳纤维陀飞轮腕表，编号为 455.YS.0170.YS。该表再度体现了宇舶 Big Bang 系列腕表的融合理念，它将精密制表的分量与轻盈且极具抗性的材质融为一体。该表限量发行 50 枚，每枚公价为 92.76 万元人民币。

设计特点

宇舶 455.YS.0170.YS 的表壳厚度为 14.15 毫米，采用碳纤维制成，因而表面呈现了独特的交织纹理。碳纤维表面覆盖了 Texalium 保护涂层，这是一种通过结合玻璃纤维芯与铝质薄表层制成的新型材质，它将玻璃纤维融入特殊的树脂中，以实现抗冲击性，而铝材的纯度为 99.99%，具有出众的耐磨性。该表搭载宇舶 HUB6035 镂空机芯，它由 282 个部件组装而成，振频为每小时 21600 次，动力储备为 72 小时。

宇舶 455.YS.0170.YS 表盘特写

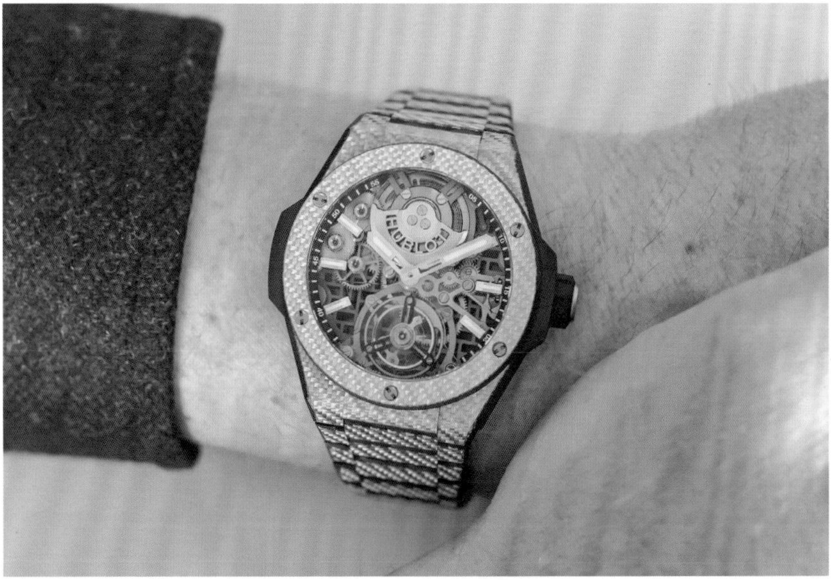

宇舶 455.YS.0170.YS 佩戴效果

宇舶 549.NI.1270.NI.ORL23

基本信息	
发布时间	2023 年
表壳材质	钛金属
表带材质	钛金属
表径	41 毫米

宇舶 549.NI.1270.NI.ORL23 是瑞士制表商宇舶推出的自动机械腕表，属于经典融合系列。

背景故事

2023 年，宇舶与享誉国际的视觉艺术家理查德·奥林斯基将各自对计时精准性与艺术的无限热爱巧妙融合，共同打造出经典融合奥林斯基计时码表，编号为宇舶 549.NI.1270.NI.ORL23。该腕表限量发行 250 枚，每枚公价为 13.38 万元人民币。该腕表将立体感十足的轮廓造型蔓延至整枚腕表，呈现一场兼具佩戴舒适性与设计美学的技艺盛宴。此外，宇舶还推出了配备黑色橡胶表带的版本，编号为宇舶 549.NI.1270.RX.ORL23，限量发行 500 枚。

设计特点

宇舶 549.NI.1270.NI.ORL23 的表壳厚度为 12 毫米，防水深度为 50 米。经微珠喷砂润饰的钛金属材质给整个腕表赋予了多面亚光效果，同时带来了一丝优雅气息。表圈采用备受瞩目的十二边形造型，这是自 2017 年以来宇舶与奥林斯基携手打造的合作款腕表的标志性元素。该表搭载的宇舶 HUB1153 自动上链机芯，共有 155 个零件，装有 35 颗宝石。振频为每小时 28 800 次，动力储备为 42 小时。

宇舶 549.NI.1270.NI.ORL23 正面特写

宇舶 549.NI.1270.NI.ORL23 佩戴效果

雅克德罗 J005503502

基本信息	
发布时间	2021 年
表壳材质	红金、钻石
表带材质	手工卷边织缎
表径	35 毫米

雅克德罗 J005503502 是瑞士制表商雅克德罗推出的女士自动机械腕表，属于艺术工坊系列。

背景故事

雅克德罗 J005503502 是雅克德罗于 2021 年 8 月推出的空窗珐琅蜂鸟时分小针盘腕表。这款腕表极具梦幻色彩，散发着清新与优雅的魅力，同时展现了备受收藏家追捧的以金丝分隔珐琅的精湛制作技艺。这项古老工艺距今已有 1500 多年历史，以该工艺打造的作品能够呈现类似微型彩绘玻璃窗的视觉效果。雅克德罗 J005503502 限量发行 8 枚，每枚公价为 45.3 万元人民币。

设计特点

雅克德罗 J005503502 表盘上的主角是一只蜂鸟，雅克德罗制表师以精妙手法赋予了其层次分明的绿色色调。为诠释夏日欢乐时光，雅克德罗采用了超过 7 种颜色来创作这一蜂鸟图案。同时，其选用时分小针盘作为挥洒创意的画布，并将时分表盘设于 2 点位置，这一美学设计为呈现蜂鸟鲜活艺术魅力与施展空窗珐琅精湛技艺提供了无拘无束的空间。该腕表的表圈与表耳镶嵌了 100 颗钻石，其时分表盘以珍珠母贝打造而成。

雅克德罗 J005503502 表盘特写

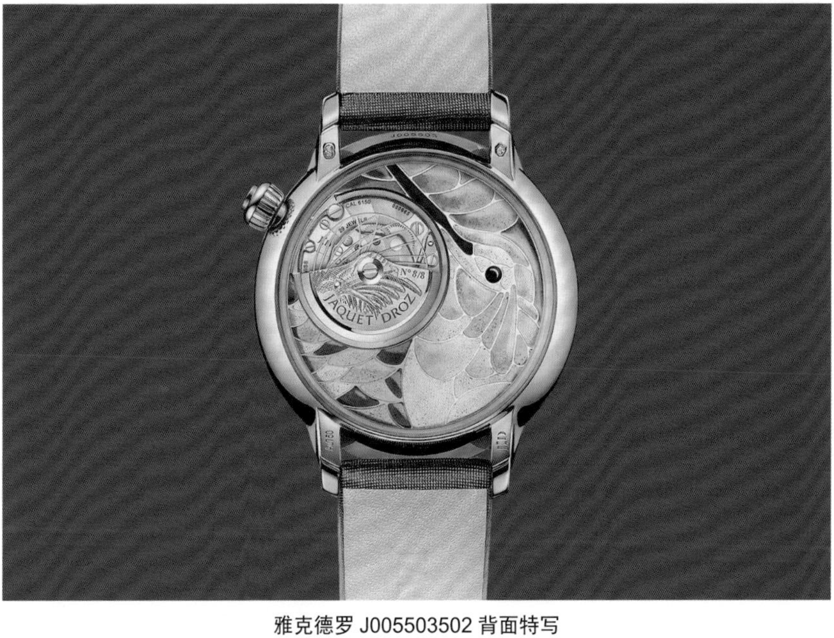

雅克德罗 J005503502 背面特写

芝柏蔚蓝类星体

基本信息	
发布时间	2020 年
表壳材质	蓝宝石水晶
表带材质	皮革
表径	46 毫米

芝柏蔚蓝类星体（Quasar Azure）是瑞士制表商芝柏于 2020 年推出的限量版透明腕表，属于芝柏金桥系列。

背景故事

2020 年 8 月 1 日，芝柏在瑞士拉绍德封隆重推出蔚蓝类星体腕表。该表采用蔚蓝色蓝宝石水晶表壳，是对初版类星体腕表的全新演绎，也让人不禁想起芝柏于 1867 年打造的首个金桥系列表款。芝柏蔚蓝类星体的编号为 99295—43—002—UA2A，限量发售 8 枚。其命名源自一种超亮天体，也就是类星体。

设计特点

芝柏蔚蓝类星体的淡蓝色表壳是由一整块蓝宝石水晶加工而成，借由通透的表壳以及无色透明的蓝宝石水晶镜面，可以清楚地看见芝柏自制的 GP09400-1035 自动上链镂空机芯。表盘 6 点方向的陀飞轮框架采用起源于 19 世纪的传统七弦琴状设计。此外，芝柏也将自身的标志设计——三金桥融入机芯结构。该陀飞轮装置共由 80 个零件组成，但重量仅为 0.25 克，轻量设计的好处在于能使能量消耗降低，增加了机芯的可用动力储存，三金桥陀飞轮的动力储存达 60 小时。

芝柏蔚蓝类星体正面特写

芝柏蔚蓝类星体佩戴效果

真力时 10.9101.9004/60.I310

基本信息	
发布时间	2023 年
表壳材质	碳纤维
表带材质	橡胶
表径	45 毫米

真力时 10.9101.9004/60.I310 是瑞士制表商真力时推出的男士自动机械腕表，属于 DEFY 系列，具有日期显示、动力储备显示、计时等功能。

背景故事

2023 年 5 月 11 日，真力时于 Extreme E“HYDRO X PRIX”苏格兰赛事前夕推出了 DEFY Extreme E 2023 限量版腕表，编号为真力时 10.9101.9004/60.I310。该表限量发行 100 枚，每枚公价为 23 万元人民币。

设计特点

真力时 10.9101.9004/60.I310 经由 Extreme E 车赛的极端条件和环境测试与验证，是该系列首个完全由轻盈耐用的碳纤维制成的表款，按钮及其保护部件亦不例外。腕表仅重 96 克，包括碳纤维表带和碳纤维三折叠式表扣。该腕表采用多层设计的镂空表盘，结合蓝宝石元素，并饰以 Extreme E 车赛的“活力绿”官方配色，巧妙体现了 Extreme E 锦标赛的可持续发展核心价值观。透过镂空表盘和蓝宝石底盖，隐约可见正在运转的极速高振频自动计时机芯的局部，该机芯提供 1/100 秒精准计时，并配备两组擒纵机构，一组用于时间显示，另一组用于计时。

第 4 章　石英腕表

石英腕表是一种使用石英晶体来计时的腕表，它是一种电子腕表。石英腕表通常比机械腕表更准确，因为其使用的石英晶体振荡频率非常稳定，通常只会有几秒钟的误差，在日常使用中几乎不需要调整时间。石英腕表具有更简单的结构，因此在制造和维护上也更为容易和经济。

爱彼“钻石朋克”

基本信息	
发布时间	2015 年
表壳材质	白金、钻石、缟玛瑙
表带材质	白金、钻石、缟玛瑙
表径	40 毫米

爱彼“钻石朋克”（Diamond Punk）是瑞士制表商爱彼推出的女士石英腕表，属于高级珠宝系列。

背景故事

2015 年，爱彼推出了“钻石朋克”腕表，编号为爱彼 79419BC.ZO.9189BC.01，每枚公价为 477.1 万元人民币。该腕表承载爱彼制作高级珠宝时计的卓越传统，极致奢华动人。在品牌位于布拉苏斯的表厂内，制表大师、设计师、珠宝与宝石镶嵌大师携手合作，令奔放自由的艺术造诣幻化为无与伦比的腕表杰作。制作珍贵稀有的宝石腕表是一项难度超高的工作，每枚“钻石朋克”腕表都是由设计师和制表大师耗费 1440 小时打造而成的。

设计特点

“钻石朋克”腕表从朋克时代的经典图案中汲取灵感，金字塔形铆钉规律排列，以自在活力编织崭新高级珠宝设计语言。手镯部分雪花式镶嵌 5 000 余颗明亮型切割美钻（总重为 21.66 克拉），几何线条利落简洁。隐秘的滑动式表盖之下，显露超越想象的奢美表盘，表盘上镶饰 300 颗明亮型切割美钻（总重为 0.92 克拉）。整枚腕表共有 56 处缟玛瑙装饰。

爱彼“钻石之怒”

基本信息	
发布时间	2016 年
表壳材质	白金、钻石
表带材质	白金、钻石
表径	40 毫米

爱彼“钻石之怒”（Diamond Fury）是瑞士制表商爱彼推出的女士石英腕表，属于高级珠宝系列。

背景故事

2016 年，爱彼推出了融合钻石和白金材质的“钻石之怒”腕表，进一步探索高级珠宝腕表世界的无限可能性。该表编号为爱彼 79420BC.ZZ.9190BC.01，每枚公价高达 477.1 万元人民币。这枚高级珠宝腕表由布拉苏斯的设计师、工程师以及珠宝师通力合作，以爱彼独家工艺打造，超过 1500 小时的制作时间和 4 635 颗的满镶钻石体现了爱彼独树一帜的特色，以及其突破传统的思维与领先群伦的前沿科技。

设计特点

“钻石之怒”腕表以明亮式切割钻石打造出闪耀的宝石表壳，无疑是高级珠宝腕表的代表作。爱彼腕表设计师和珠宝师合作打造出富有层次感的表壳造型，不仅能够为内在机芯提供保护，而且其精巧设计可完美贴合于手腕，保证最佳的佩戴舒适度。另外，该表还有一个独特的设计，佩戴者只需轻轻触碰一个小机关，神秘表盘即可惊艳呈现。

爱彼“钻石怒放”

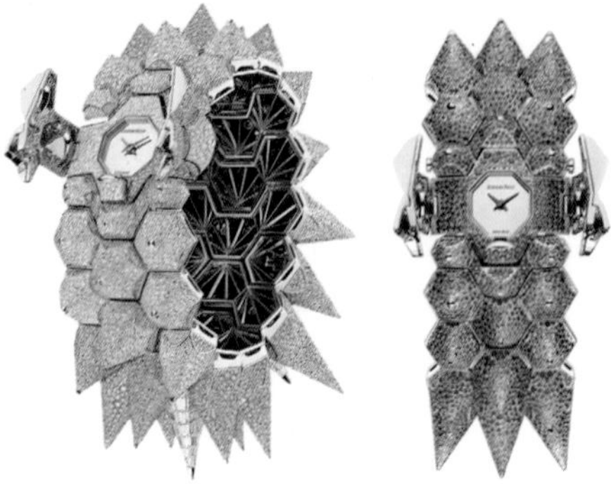

基本信息	
发布时间	2017 年
表壳材质	白金、钻石 / 蓝宝石
表带材质	白金、钻石 / 蓝宝石
表径	34 毫米

爱彼“钻石怒放”（Diamond Outrage）是瑞士制表商爱彼推出的女士石英腕表，属于高级珠宝系列。

背景故事

2015—2017 年，爱彼陆续推出的“钻石”高级珠宝腕表三部曲，创意灵感均来自品牌发源地汝山谷的崎岖地貌与冬日景观，将传统宝石镶嵌工艺与突破常规的设计相结合，展现出优雅别致、强劲有力的风格。2017 年年初发布的“钻石怒放”腕表是“钻石”高级珠宝腕表三部曲的收官之作。该腕表有两种款式，即编号为爱彼 67700BC.ZZ.9190BC.01 的全钻款，编号为爱彼 67701BC.SS.9191BC.01 的蓝宝石款。

设计特点

“钻石怒放”腕表以钻石和蓝宝石铺陈的圆锥为设计元素，由表盖绵延至表镯，犹如冬日被冰雪覆盖的松林。纤细的圆锥运用了宝石雪花镶嵌工艺，将白金底座彻底隐藏。全钻款镶嵌超过 10 000 颗钻石，总重达 65.91 克拉，其中 3 个峰尖使用了隐秘镶嵌工艺；蓝宝石款共镶嵌 6 个不同色调的蓝宝石，由峰底的深蓝色逐渐过渡为峰尖的浅蓝色，总重达 65.47 克拉。表盘隐藏于镶钻圆锥下方，采用双针布局，由爱彼 2701 型石英机芯驱动。

宝齐莱 00.10702.02.90.27

基本信息	
发布时间	2014 年
表壳材质	白金、钻石
表带材质	白金、钻石
表径	38 毫米

宝齐莱 00.10702.02.90.27 是瑞士制表商宝齐莱推出的女士石英腕表，属于雅丽嘉系列。

背景故事

宝齐莱 00.10702.02.90.27 是宝齐莱于 2014 年推出的雅丽嘉天鹅限量珠宝腕表（Alacria Swan Limited Edition），限量发行 88 枚，每枚公价为 208 万元人民币。该表是向宝齐莱家族及其公司的致敬之作，同时颂扬品牌发源地琉森。这件作品有着非凡设计，镶饰超过 1300 颗钻石，彰显宝齐莱传统珠宝技艺的最高标准。

设计特点

宝齐莱 00.10702.02.90.27 的表壳和表盘分别镶嵌了 348 颗和 137 颗钻石，表冠缀以一颗美钻，表带的钻石数量更是多达 844 颗。每颗钻石均质量上乘，使整个雅丽嘉系列散发璀璨光芒。所有钻石均以手工镶嵌，巧夺天工。精致表带宛如天鹅细长的颈部，轻轻环绕女士纤细的手腕，佩戴时非常舒适。该腕表搭载宝齐莱 1850 型石英机芯，表盘没有时标刻度，仅配备时针和分针。

伯爵 G0A36554/G0A36555

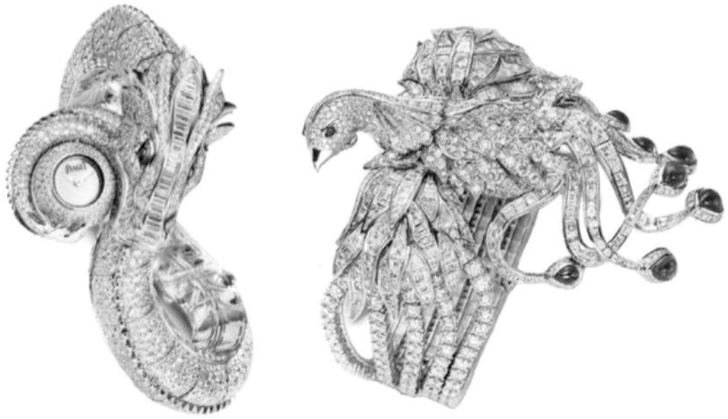

基本信息	
发布时间	2012 年
表壳材质	白金、钻石
表带材质	白金、钻石
表径	不详

伯爵 G0A36554/G0A36555 是瑞士制表商伯爵推出的石英腕表，属于龙与凤系列。

背景故事

2012 年，为向中国龙年致敬，伯爵推出了龙与凤系列腕表。龙造型腕表编号为伯爵 G0A36554（公价为 1 150 万元人民币），凤凰造型腕表编号为伯爵 G0A36555（公价为 1 410 万元人民币），分别限量发行 1 枚。龙与凤凰，两者在中国文化里拥有神圣地位，寓意着尊贵与权威。龙与凤凰是天上眷侣，这也启发了伯爵的创作灵感。为了创作出能与这对神仙眷侣媲美的独特机械装置及装饰外形，伯爵集合了旗下杰出的工匠大师，包括珠宝师、镶嵌师、雕刻师及珐琅彩绘师等，最终一起完成了这件作品。

设计特点

伯爵龙与凤系列的表壳、表冠、表带、表扣均为白金镶钻材质，其中伯爵 G0A36554 的表壳镶嵌了 2 292 颗圆形美钻（总重约为 23.6 克拉）、99 颗方形切割美钻（总重约为 7.2 克拉）及 2 颗蛋面切割红宝石（总重约为 0.2 克拉）。伯爵 G0A36555 的表壳镶嵌了 603 颗圆形美钻（总重约为 5.8 克拉）、300 颗方形切割美钻（总重约为 13.7 克拉）及 9 颗蛋面切割蓝宝石（总重约为 4.1 克拉），表带镶嵌了 240 颗圆形美钻（总重约为 18 克拉）。两款腕表均采用伯爵 56P 型石英机芯。

迪奥 CD13416ZA049

基本信息	
发布时间	2019 年
表壳材质	白金、钻石
表带材质	天鹅绒
表径	36 毫米

迪奥 CD13416ZA049 是法国奢侈品制造商迪奥推出的女士石英腕表，属于 Grand Soir 系列。

背景故事

迪奥 CD13416ZA049 是迪奥于 2019 年推出的 Grand Soir“蜂后”（Reine des Abeilles）系列腕表之一，每枚公价为 200 万人民币。该系列腕表以造型各异的蜜蜂图案，致敬克里斯汀 • 迪奥的挚爱花园。这些腕表使用了多种材料，包括碧玺、蓝宝石、红宝石、紫水晶、沙弗莱石、蛋白石、羽毛等。来自珍贵宝石和自然造物的万千颜色在表盘交织，化作蜜蜂翅膀上的优雅空灵的琉璃光影，犹如在婉转韵律中振翅翩飞。

设计特点

迪奥 CD13416ZA049 延续独特的偏心布局，让宝石铺陈的“蜜蜂”成为视觉的中心。蜜蜂图案由多种彩色宝石交替镶嵌，如同一件精巧的微型雕塑，斑斓的翅膀还可以跟随佩戴者的动作轻轻颤动。表壳采用白金铺镶钻石，闪烁璀璨华彩，宛如蜂后的王座。腕表搭载石英机芯并配备调时器，置于表盘 12 点位置。

迪奥 CD04317X1209

基本信息	
发布时间	2022 年
表壳材质	玫瑰金
表带材质	缎面
表径	38 毫米

迪奥 CD04317X1209 是法国奢侈品制造商迪奥推出的女士石英腕表，属于 La D De Dior 系列。

背景故事

迪奥 CD04317X1209 腕表体现迪奥高级珠宝的精神，将瑞士制表工艺的专业知识、大胆创意和精湛工艺巧妙融合。盛开的玫瑰花蕾是欢乐来临的象征。迪奥高级珠宝部艺术总监维多利娅 • 德卡斯特兰将这一理念融入腕表设计。这种魅力非凡、时尚迷人的表达，从克里斯汀 • 迪奥及其继任设计师用于点缀高订款式的玫瑰花汲取灵感而来。迪奥 CD04317X1209 腕表于 2022 年 10 月上市，每枚公价为 45 万元人民币。

设计特点

迪奥 CD04317X1209 腕表的防水深度为 30 米，其表壳、表圈、表冠、表扣均为玫瑰金材质，其中表圈镶嵌 50 颗圆形切割钻石（总重为 2 克拉），表冠镶嵌 18 颗圆形切割钻石（总重为 0.11 克拉），表扣镶嵌 26 颗钻石（总重为 0.26 克拉）。表镜材质为防眩光蓝宝石水晶。缟玛瑙表盘点缀玫瑰金玫瑰花装饰，镶嵌 96 颗圆形切割钻石（总重为 0.21 克拉），搭配抛光太妃式玫瑰金指针、玫瑰金 DIOR 标识。

迪奥 CD04317X1209 表盘特写

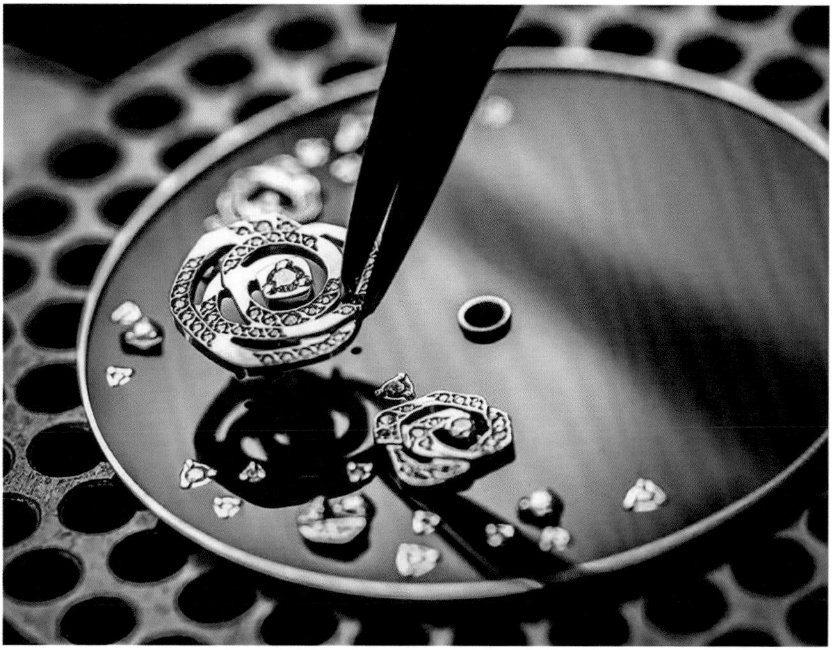

制作中的迪奥 CD04317X1209 腕表

精工 SAST100G

基本信息	
发布时间	2013 年
表壳材质	钛金属
表带材质	鳄鱼皮
表径	47 毫米

精工 SAST100G 是日本制表商精工推出的男士石英腕表，属于 Astron 系列，具有日期显示、世界时功能。

背景故事

2013 年是精工制表工艺传承 100 周年，为了纪念品牌创始人服部金太郎与他的理念“永远领先一步”，精工推出了 Astron 系列“服部金太郎特别限量版”纪念款，编号为精工 SAST100G。该腕表于 2013 年 9 月 20 日上市，全球限量发行 5 000 枚，中国市场限量 60 枚，每枚公价为 2.17 万元人民币。

设计特点

精工 SAST100G 采用经过超抗磨碳素膜处理的高强度钛金属表壳，搭配陶瓷表圈、超清晰涂层处理蓝宝石水晶表镜以及鳄鱼皮表带。服部金太郎的名字和箴言被镌刻在腕表底盖，围绕品牌早期的“S”商标展开排列。表冠饰以玛瑙和表圈上的金色“TYO”标记，是这款限量版腕表的专属设计。

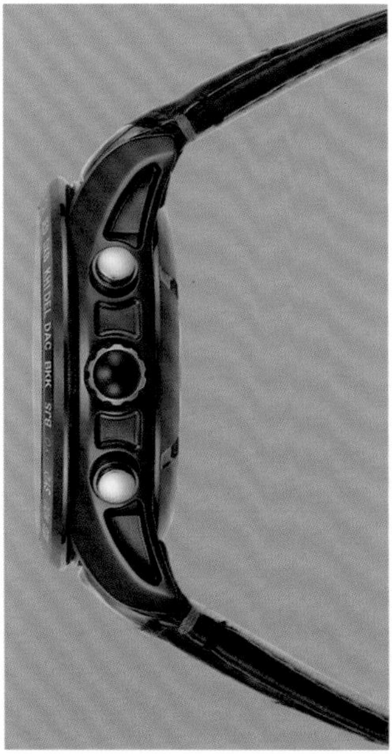

精工 SAST100G 侧面特写

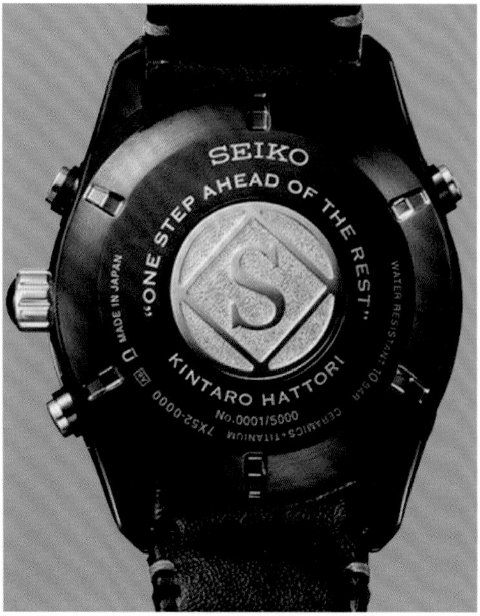

精工 SAST100G 背面特写

精工 SAST100G 及其表盒

精工 SBXD002J

基本信息	
发布时间	2020 年
表壳材质	黄金
表带材质	鳄鱼皮
表径	40.9 毫米

精工 SBXD002J 是日本制表商精工推出的石英腕表，属于 Astron 系列，具有日期显示功能。

背景故事

1969 年 12 月，精工推出世界上第一款商业化生产的指针式石英腕表——Quartz Astron，开启了“年秒差”精准度的石英革命。2019 年，为纪念这款具有里程碑意义的腕表诞生 50 周年，精工推出了 1969 Quartz Astron 50 周年限量版腕表。全新腕表搭载新一代 GPS 太阳能石英机芯，但外观忠实于之前同款作品。该腕表限量发行 50 枚，每枚公价为 380 万日元（约合 25 万元人民币）。

设计特点

与之前同款作品相比，精工 SBXD002J 同样采用黄金枕形表壳，不过尺寸略微增加。表壳上细腻的颗粒状图案，表盘的垂直缎面装饰，都是之前同款作品的经典设计。精工 SBXD002J 搭载的 3X22 型机芯完全是 21 世纪的新成果，精工称之为“世界上最纤薄的 GPS 太阳能机芯”。机芯每天自动与 GPS 卫星同步两次，确保 10 万年内误差都不超过 1 秒。即使机芯无法与 GPS 卫星同步，它也可以像传统石英机芯一样，将走时误差保持在每月 15 秒内。此外，该机芯还具备时区校正功能。

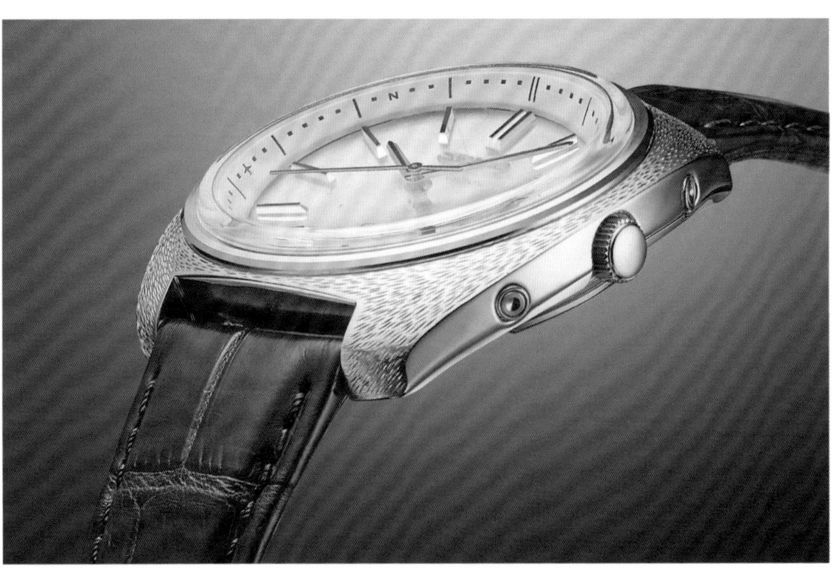

精工 SBXD002J 侧面特写

精工 SBXD002J 表耳特写

精工 SSH071J1

基本信息	
发布时间	2020 年
表壳材质	钛金属
表带材质	钛金属
表径	42.8 毫米

精工 SSH071J1 是日本制表商精工推出的石英腕表，属于 Astron 系列，具有日期显示、星期显示、万年历、世界时、动力储备显示、防磁功能。

背景故事

自 2012 年起，精工 Astron 系列腕表的 GPS 卫星定位太阳电能技术一直引领世界。2019 年，精工推出向 1969 年 Quartz Astron 腕表致敬的全新设计，采用相同的曲线轮廓、宽阔表耳与纤薄表圈，搭载先进的 5X53 型双时区机芯。2020 年，5X53 型机芯系列迎来 4 款钛金属表壳与表带新作，其中拥有精致绿色表盘的精工 SSH071J1 为限量版（限量发行 2 000 枚），于 2020 年 6 月开始销售，其他 3 款则在同年 7 月成为 Astron 系列的常规表款。

设计特点

钛金属的轻盈、坚固与防刮特性提升了精工 SSH071J1 的佩戴舒适性，防水深度达 200 米，因此该表适合各种生活场景。若需调整时区，只需单击按钮，指针就会移动至正确的本地时间，包括夏令时，因为系统能独立移动每根指针。佩戴者还能在主要时间显示与副表盘时间显示之间相互切换。

精工 SSH071J1 表盘特写

精工 SSH071J1 佩戴效果

精工 SSH073J1

基本信息	
发布时间	2020 年
表壳材质	钛金属
表带材质	钛金属 / 鳄鱼皮
表径	42.8 毫米

精工 SSH073J1 是日本制表商精工推出的石英腕表，属于 Astron 系列，具有日期显示、星期显示、万年历、动力储备显示功能。

背景故事

2020 年，适逢精工品牌创始人服部金太郎的 160 周年诞辰，精工推出了 Astron 系列服部金太郎诞辰 160 周年纪念限定版腕表，编号为精工 SSH073J1。该表限量发行 2 500 枚，配有特制专属表盒，表盒内附有与腕表底盖相同的“圆形棱角 S 标记”金色徽章、可替换式鳄鱼皮表带与现任董事长兼 CEO 服部真二的寄语，并于表盒内印有“服部金太郎 160 周年诞辰纪念限量”字样。

设计特点

精工 SSH073J1 在外观上选择了沉稳的黑色与金色作为主要配色。表圈采用坚硬防刮的氧化锆陶瓷材质，并特别做出 16 个切面呼应服部金太郎 160 周年诞辰。底盖上的设计以服部金太郎于 1900 年所注册的品牌商标“圆形棱角 S 标志”为造型，标志以锻造的方式浮雕于底盖上。商标的周围则刻有服部金太郎的理念“永远领先一步”的英译“ONE STEP AHEAD OF THE REST”及“KINTARO HATTORI”（服部金太郎）字样。

精工 SSH073J1 表冠特写

精工 SSH073J1 佩戴效果

精工 SSJ017

基本信息	
发布时间	2023 年
表壳材质	钛金属
表带材质	钛金属
表径	41.2 毫米

精工 SSJ017 是日本制表商精工推出的男士石英腕表，属于 Astron 系列。

背景故事

2023 年，精工 Astron 卫星定位太阳电能系列腕表推出了 4 款以动感和坚固为设计理念的全新款式，包括蓝盘款、灰盘款、黑盘款以及一款采用独特水平条纹设计的限量版。4 款腕表均于 2023 年 7 月上市，其中限量版编号为精工 SSJ017，限量发行 1500 枚，欧洲地区每枚公价为 2 100 欧元（约合 1.64 万元人民币）。

设计特点

精工 SSJ017 的三维表壳和琢面表圈顶部采用细纹拉丝润饰，侧面经过抛光处理，形成鲜明对比，动感十足。表壳线条与表耳及一体式表带无缝交融，表带逐渐收窄，与棱角分明的表壳相得益彰，凸显和谐优雅的观感。钛金属表壳和表带饰有耐刮擦超硬涂层，钛金属重量轻，表壳重心低，因此佩戴腕间非常舒适。表盘采用简约设计，通过 8 点位置的副表盘指示卫星定位接收过程、闰秒讯号接收过程、储能状态和飞行模式。时分指针和镶贴时标呼应表圈配色，均涂覆荧光物料，任何光照条件下都能确保清晰易读。

精工 SSJ017 背面特写

与精工 SSJ017 同时推出的蓝盘款、灰盘款、黑盘款

精工 SFJ007

基本信息	
发布时间	2023 年
表壳材质	精钢
表带材质	精钢
表径	42 毫米

精工 SFJ007 是日本制表商精工推出的男士石英腕表，属于 Prospex Speedtimer 系列。

背景故事

自 1985 年以来，精工一直是世界田径锦标赛的官方计时品牌。2023 年，精工再次担任在匈牙利布达佩斯举办的世界田径锦标赛的官方计时任务，并以一款全新限量版太阳电能计时码表向品牌和世界田径锦标赛的体育传统致敬。该表编号为精工 SFJ007，限量发行 4 000 枚，其盘面纹理如同跑道路面，而金色指针及副表盘外缘则让人联想到冠军奖牌。

设计特点

精工 SFJ007 搭载全新 8A50 型太阳电能计时机芯，计时精度达到 1/100 秒。表盘 2 点位置设有 1/100 秒计时盘，12 点位置设有小秒盘，10 点位置设有 1/10 秒计时盘。显示小时和分钟的副表盘位于 6 点位置，以明确区分走时和计时功能。启动秒表功能时，小时和分钟副表盘会转变为 60 分钟计时盘，时针隐藏在分针下方。腕表的指针与副表盘形成鲜明对比，以提高可读性。时分指针和小时时标均嵌饰荧光物料，黑暗环境下也能确保清晰易读。按钮经过特别设计，具有可操作性和高精准度。

精工 SFJ007 背面特写

精工 SFJ007 佩戴效果

精工 SSH133

基本信息	
发布时间	2023 年
表壳材质	精钢
表带材质	精钢 / 硅胶
表径	43.1 毫米

精工 SSH133 是日本制表商精工推出的男士石英腕表，属于 Astron 系列。

背景故事

精工 Astron 系列致力于凭借先进的卫星定位太阳电能技术在世界各地提供精准计时，而无国界医生组织跨越国界提供快速有效的医疗人道主义援助，分秒必争，这与精工 Astron 系列的精神理念有着许多共通之处。2023 年 3 月，双方携手合作，推出一款编号为精工 SSH133 的限量版腕表，限量发行 800 枚。精工承诺，将该表销售收入的 5% 捐赠给无国界医生组织，助力实现联合国可持续发展目标。

设计特点

精工 SSH133 的银白色表盘上点缀无国界医生组织的标志性红色元素，赋予腕表简洁时尚的外观。表圈嵌饰光泽的白色陶瓷，尽显奢华质感。该腕表随附双色硅胶表带，创 Astron 系列先例，表带的配色灵感源自无国界医生组织的标志。表背镌刻“IN SUPPORT OF MEDECINS SANS FRONTIERES”（支持无国界医生）字样，体现精工与人道主义组织的合作伙伴关系。同时，表背还标注“LIMITED EDITION”（限量版）字样和专属编号。

精工 SSH129/SSH131

基本信息	
发布时间	2023 年
表壳材质	钛金属
表带材质	钛金属 / 小牛皮
表径	42.7 毫米

精工 SSH129/SSH131 是日本制表商精工推出的男士石英腕表，属于 Astron 系列。

背景故事

2023 年 4 月，精工 Astron 系列与动画电影《生化危机：死亡岛》携手合作，推出了两款联名限量腕表，即编号为精工 SSH129 的克里斯 • 雷德菲尔德款和编号为精工 SSH131 的里昂 • 肯尼迪款，各限量发行 600 枚。克里斯 • 雷德菲尔德和里昂 • 肯尼迪是电影中备受欢迎的角色。

设计特点

克里斯 • 雷德菲尔德的卓越战斗能力、坚韧的性格和强健的体魄通过精工 SSH129 的钛金属表壳、全金属表带和棱角分明的表圈得到体现。表带链节短促，有利于贴合手腕。表盘的灰绿色调让人联想到克里斯 • 雷德菲尔德在电影中穿着的制服，同时“沥青”纹理代表他个性直率的一面。而精工 SSH131 全黑钛金属表壳和侧面标注城市代码的钛金属表圈展现了里昂 • 肯尼迪炫酷时尚的形象，凸显了这款腕表稳健可靠的气质。灰色表盘和黑色小牛皮表带与里昂 • 肯尼迪喜爱的牛仔裤和皮夹克相得益彰。有别于普通型号，两款联名限量腕表的时标和时分秒针在黑暗中会散发蓝色幽光。

浪琴 L8.115.4.92.6

基本信息	
发布时间	2022 年
表壳材质	精钢
表带材质	精钢
表径	30.5 毫米

浪琴 L8.115.4.92.6 是瑞士制表商浪琴推出的石英腕表，属于心月系列，具有日期显示、月相功能。

背景故事

浪琴是为数不多的每年都推出新款女士腕表的百年制表品牌，在打造女士腕表方面的经验和造诣毋庸置疑。心月系列是浪琴专为女性设计的腕表系列，该系列腕表以优雅的外观和精湛的制表工艺著称，其设计灵感来自“月亮的优雅和神秘感”。2022 年，浪琴对旗下极具代表性的心月系列腕表进行了重新设计，在颜色和布局方面做出创新，以雅致色彩映衬女性的多彩人生。其中，酒红色表盘款编号为浪琴 L8.115.4.92.6 的腕表，每枚公价为 1.06 万元人民币。

设计特点

浪琴 L8.115.4.92.6 整体呈现月亮般纤细优美的线条，散发着温柔典雅的气质。30.5 毫米直径的表壳由精钢材质打造而成，经抛光工艺处理后为佩戴者带来美妙的视觉体验。表盘设计是该表的一大亮点，它打破传统盘面布局，采用不规则分区设计，罗马数字时标从中间向两边逐渐变小，在延续经典的同时赋予腕表诗意浪漫的氛围。6 点位置设有精巧的月相显示窗口，将静谧的夜光浓缩于腕表。3 点位置设有日期显示窗口，进一步提高了腕表的实用性。

浪琴 L8.122.4.99.6

基本信息	
发布时间	2023 年
表壳材质	精钢
表带材质	精钢
表径	30 毫米

浪琴 L8.122.4.99.6 是瑞士制表商浪琴推出的女士石英腕表，属于心月系列，具有日期显示功能。

背景故事

2023 年夏季，心月系列推出全新彩色表盘，30 毫米表壳内融入樱粉色、冰蓝色双重缤纷色彩。精钢表壳内搭载石英机芯或机械机芯，满足不同佩戴需求。其中，樱粉色表盘、石英机芯款编号为浪琴 L8.122.4.99.6，每枚公价为 1.14 万元人民币。

设计特点

浪琴 L8.122.4.99.6 延续心月系列的标志性元素，樱粉色太阳纹表盘上饰以 11 颗钻石时标，与镀银抛光指针相得益彰。表盘显示时、分、秒，3 点位置设日期显示窗口。其表壳精巧圆润，浪漫樱粉色表盘搭配精钢表带，让腕间萦绕甜蜜诗意。

天梭 T125.617.36.081.00

基本信息	
发布时间	2023 年
表壳材质	精钢
表带材质	皮革 / 硅胶 / 织物
表径	45.5 毫米

天梭 T125.617.36.081.00 是瑞士制表商天梭推出的男士石英腕表，属于运动系列，具有日期显示功能。

背景故事

天梭与篮球的联系已有多年。2008 年品牌首次与国际篮球联合会（FIBA）携手合作，2015 年又与美国职业篮球联赛（NBA）建立伙伴关系。2023 年 2 月，NBA 全明星赛期间，天梭以篮球为灵感，推出了一款全新的石英计时腕表，编号为天梭 T125.617.36.081.00。

设计特点

天梭 T125.617.36.081.00 是一款高性能运动腕表，防水深度达 100 米，计时精度可达 1/10 秒。表壳以精钢打造，经过黑色 PVD 涂层处理。渐变色表盘装饰篮球网状图案，搭配涂覆荧光物料的指针和时标。同时，4 点位置还设有日期视窗。另外，黑色皮革表带装饰橙色缝线，向 NBA 著名的橙黑色比赛用球致敬。天梭提供一系列不同颜色和材质（皮革、硅胶或织物）的表带，佩戴者可以借助互换系统，便捷替换表带。

天梭 T125.617.36.081.00 正面特写

天梭 T125.617.36.081.00 背面特写

雷达 R27014152

基本信息	
发布时间	2019 年
表壳材质	陶瓷
表带材质	陶瓷
表径	39 毫米

雷达 R27014152 是瑞士制表商雷达推出的女士石英腕表，属于真薄（True Thinline）系列。

背景故事

真薄系列堪称突破性的时计臻品。作为品牌首个采用一体成型高科技陶瓷表壳的腕表系列，搭载石英机芯，是雷达目前最为纤薄的作品，轻盈纤巧，舒适耐磨。雷达 R27014152 是真薄系列中售价较高的一款，限量发行 1001 枚，每枚公价为 1.88 万元人民币。该表由雷达与屡获殊荣的俄罗斯艺术家和设计师伊芙吉尼娅・米罗合作打造，腕表表带上以激光雕刻出的精美羽毛图案和表盘上的对角线图案营造出轻盈灵动之感，展现了伊芙吉尼娅・米罗独特的时间哲学理念。

设计特点

雷达 R27014152 的表壳厚度为 5 毫米，防水深度为 30 米。表壳、表圈、表冠、表带、表扣均为高科技陶瓷材质，表镜材质为双面防眩目蓝宝石水晶。该腕表采用 ETA 210.001 型石英机芯，机芯直径为 20 毫米，机芯厚度为 0.98 毫米，装有 8 颗宝石。

雷达 R27014152 正面特写

雷达 R27014152 背面特写

雷达 R27015012

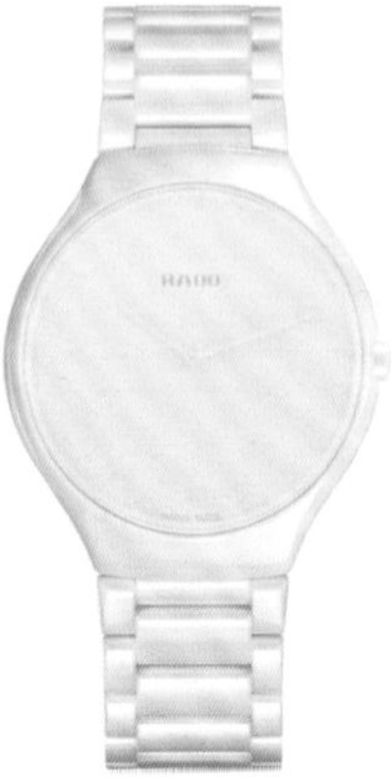

基本信息	
发布时间	2021 年
表壳材质	陶瓷
表带材质	陶瓷
表径	39 毫米

雷达 R27015012 是瑞士制表商雷达推出的中性石英腕表，属于真薄系列。

背景故事

匆忙的现代生活中，时间无疑是极为奢侈而宝贵的。然而，时间并非快节奏、多姿多彩而又嘈杂的日常生活中唯一令人梦寐以求的事物。著名趋势研究学家林德威·爱德科特发现，在现代社会中，对于真白之境简单、真实而有实在意义的追求越来越强烈。为此，她与雷达共同打造了一款反映这一时代思潮的腕表，其编号为雷达 R27015012，每枚公价为 1.62 万元人民币。

设计特点

雷达 R27015012 的总重量仅有 83 克，其表壳厚度为 5 毫米，防水深度为 30 米。表壳、表带均为高科技陶瓷材质，表镜材质为蓝宝石水晶。该表采用 03.420.221 型石英机芯。

第 5 章　智能腕表

智能腕表是安装有嵌入式系统、用于增强基于报时等功能的表，其功能类似于一台个人数码助理。早期的智能腕表可以执行计算、翻译或者操作掌上电子游戏等基础功能，后来的智能腕表则实现了可穿戴式计算机的功能。

百年灵 Exospace B55

基本信息	
发布时间	2015 年
表壳材质	钛金属
表带材质	橡胶
表径	46 毫米

百年灵 Exospace B55 是瑞士制表商百年灵推出的智能腕表。

背景故事

对卓越性能的不懈追求是百年灵品牌在每一次技术革新过程中的永恒基调，也是百年灵打造首款智能交互计时腕表最核心的驱动力。2015 年，百年灵迎来首款智能交互计时腕表——百年灵 Exospace B55，为品牌注入了全新哲学——将传统腕表与智能手机相结合以达到功能和操作体验的全面提升。该腕表公价为 5.4 万元人民币，其优异性能再次证明了百年灵在电子计时领域的先锋地位。

设计特点

百年灵 Exospace B55 的显著特征在于其技术型外观：坚固轻质的钛金属表壳配备旋转表圈并饰有标志性的表圈指示器，以及独有的双色橡胶表带。这款集多项创新于一身的腕表搭载百年灵自制 B55 机芯，拥有多项为飞行员量身打造的创新功能，如电子测速计、高达 50 次的分段连续计时用时记录、倒数 / 正数计时系统，以及航空领域专用的“飞行时间”计时功能，包括记录全程飞行时间、起程的日期和时间、抵达时间和飞机起降时间。得益于简捷易用、条理分明、兼容性极强的操控系统，腕表的使用舒适度也有所提升，只需轻松旋转表冠即可选取各项功能，并通过两枚按钮即可启动 / 停止该项功能。

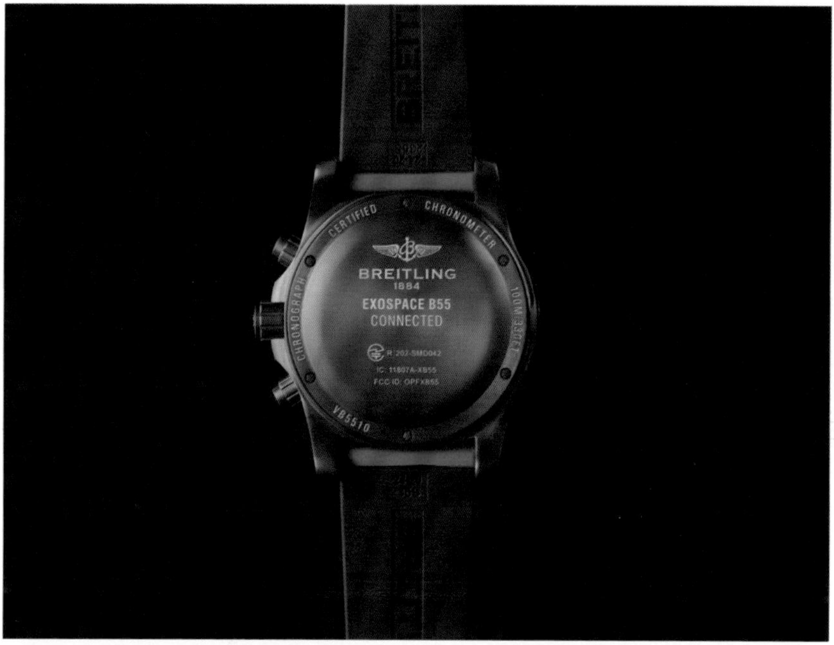

百年灵 Exospace B55 背面特写

百年灵 Exospace B55 佩戴效果

布里克 Lux Watch 4

基本信息	
发布时间	2018 年
表壳材质	黄金 / 白金 / 玫瑰金、钻石宝石
表带材质	黄金 / 白金 / 玫瑰金 / 皮革
表径	38 毫米、42 毫米

布里克 Lux Watch 4 是美国奢侈品定制商布里克（Brikk）推出的 Apple Watch 4 奢侈定制版。

背景故事

布里克是一家总部位于洛杉矶的奢侈品定制商，专门打造奢侈版电子产品。Lux Watch 是布里克推出的 Apple Watch 奢侈定制版，通常有三种版本：标准版、高级版和终极版。所有的 Lux Watch 都是对 Apple Watch 的奢侈定制，将 Apple Watch 上的装饰替换成奢侈材料。2018 年 9 月，苹果发布了 Apple Watch 4 智能腕表。不久，布里克便推出了相应的奢侈定制版，可根据客户的要求选择不同的材料，包括黄金、白金、玫瑰金、红宝石、钻石等。

设计特点

带有 151° 斜边的全新外形是布里克 Lux Watch 4 智能腕表的一大亮点。标准版采用黄金、白金或玫瑰金表壳，搭配鲤鱼皮表带的款式售价为 2.9 万美元，搭配贵金属表带的款式售价为 5.9 万美元。高级版镶嵌有两行红宝石或钻石，价格为 4.4 万～ 7.4 万美元。终极版的表壳全部镶嵌有宝石、钻石，价格为 6.9 万～ 22.9 万美元。

卡西欧 MRG—B2000BS—3A

基本信息	
发布时间	2021 年
表壳材质	钛合金
表带材质	钛合金
表径	54.7 毫米

卡西欧 MRG—B2000BS—3A 是日本制表商卡西欧推出的男士智能腕表，属于 G-Shock 系列。

背景故事

2021 年，为了纪念 G-Shock MRG 系列诞生 25 周年，卡西欧推出了一款限量版腕表，编号为卡西欧 MRG—B2000BS—3A。MRG 是 G-Shock 系列的旗舰产品，以全钛机身、功能完善、高昂定价著称。卡西欧 MRG—B2000BS—3A 限量发行 400 枚，每枚公价为 4.9 万元人民币，MRG 是 G-Shock 系列中定价最高的产品。

设计特点

卡西欧 MRG—B2000BS—3A 的设计概念源于日本婆娑罗武士。表圈采用比纯钛材质还要坚硬数倍的钴铬合金制作，表带为 DAT55G 钛合金材质，由日本宝石切割大师小松一仁主理，以原创的镜面金属切割手法，为表圈打造多个微小切割面，使表圈设计更为独特。表盘以婆娑罗武士的链甲为设计灵感，配以金色时间刻度、红色秒针及绿色内嵌表盘，表面的内框也加入红色点缀。

卡西欧 MRG—B5000BA—1

基本信息	
发布时间	2022 年
表壳材质	钛合金
表带材质	钛合金
表径	49.4 毫米

卡西欧 MRG—B5000BA—1 是日本制表商卡西欧推出的男士智能腕表，属于 G-Shock 系列。

背景故事

自诞生以来，卡西欧 G-Shock MRG 系列始终致力于将传统美学与现代科技融合，不断将日本文化融入腕表设计之中，让那些看似遥远的传统精粹得以重新诠释，工艺与文明碰撞出的坚韧精神在腕间释放，一件件令人叹为观止的时间艺术品就此诞生。2022 年，卡西欧以日本书法、水墨画中的“青墨”为灵感，打造出卡西欧 MRG—B5000BA—1 智能腕表，每枚公价为 2.8 万元人民币。

设计特点

卡西欧 MRG—B5000BA—1 取青墨之色，将深蓝色离子电镀涂层应用于多组件表圈以及表带连接针处，搭配表壳和表带的黑色类金刚石碳涂层的深邃视觉，呈现一种安静的力量感。该表大胆打破对坚韧的想象限制，缔造出由 25 个精密零部件组合而成的多组件表圈，让更复杂、更精细的镜面抛光成为可能。在匠人们经年累月磨砺出的精湛技艺下，每个组件都历经抛光打磨，呈现令人惊叹的美感，再通过巧妙的结构组合，浑然天成的时间艺术由此诞生。

卡西欧 MRG—B5000BA—1 侧面特写

卡西欧 MRG—B5000BA—1 佩戴效果

路易威登 Tambour Horizon 金属色

基本信息	
发布时间	2019 年
表壳材质	精钢
表带材质	帆布
表径	42 毫米

路易威登 Tambour Horizon 金属色是法国奢侈品制造商路易威登推出的中性智能腕表，属于 Tambour Horizon 系列。

背景故事

路易威登 Tambour 系列腕表自 2002 年推出以来，一直在做不同的尝试，例如，结合复杂功能的陀飞轮腕表、融合都市生活的日常腕表，以及拥抱数字时代的智能腕表。2017 年，路易威登推出首款 Tambour Horizon 智能腕表。这是一款专为当代旅行者设计的腕表，在全球各个国家和地区都可以畅通使用。2019 年，第二代 Tambour Horizon 智能腕表面世，其款式更多样，盘面设计更新颖。路易威登 Tambour Horizon 金属色便是第二代 Tambour Horizon 智能腕表之一，每枚公价为 2.03 万元人民币。

设计特点

第二代 Tambour Horizon 智能腕表兼具功能性与奢华感，表盘将经典的老花（monogram）、棋盘格（damier）以及路易威登（Louis Vuitton）的字母元素解构、拆分、重新设计，营造出一种透明美学，适合各种场合佩戴。该腕表的防水深度为 30 米，平均每充电一次可使用约 1 天。当电池电量降至 15% 时，纯手表模式将自动激活，最多可将电池寿命延长 5 天。

路易威登 QBB191

基本信息	
发布时间	2019 年
表壳材质	精钢
表带材质	帆布
表径	44 毫米

路易威登 QBB191 是法国奢侈品制造商路易威登推出的男士智能腕表，属于路易威登第三代智能腕表 Tambour Horizon Light Up 系列。

背景故事

2019 年 11 月上市的路易威登 QBB191 是 Tambour Horizon Light Up 系列智能腕表的代表性款式，采用颠覆性创新设计，于蓝宝石玻璃之上排布 LED 背景灯，可在夜幕下点亮耀目风尚。嵌入式外观承启历久弥新的品牌设计元素，可依据客户喜好定制，尽情释放多元个性。该腕表每枚公价为 2.88 万元人民币，随表附送充电套件（充电座、USB-C 充电线、通用电源适配器和 6 个插头）。

设计特点

路易威登 QBB191 的喷砂精钢表壳饰有棕色 PVD 涂层，表壳厚度为 12.6 毫米。表耳、机械按钮、表冠、表背同样采用饰有棕色 PVD 涂层的喷砂精钢材质，表冠带有黑色漆面 LV 标识，表背中央采用黑色抛光陶瓷镂刻“老花”图案。24 小时表盘衬圈为黑色，饰有白色数字和 LV 标识，搭配黄色刻度。LED 表盘衬圈同样是黑色，饰有 24 朵“老花”花卉，配有 LED 背景灯。

泰格豪雅 SBG8A10.BT6219

基本信息	
发布时间	2020 年
表壳材质	精钢
表带材质	橡胶
表径	45 毫米

泰格豪雅 SBG8A10.BT6219 是瑞士制表商泰格豪雅推出的智能腕表，属于 Connected 系列。

背景故事

2015 年，泰格豪雅推出首款 Connected 智能腕表，开了奢华智能腕表的先河，并大获成功。继 2019 年泰格豪雅 Connected Modular 高尔夫版智能腕表问世之后，泰格豪雅又在 2020 年 3 月以直播的形式发布了第三代 Connected 智能腕表。新一代智能腕表共有 4 款，分别是钢壳胶带配备黑色陶瓷表圈（SBG8A10.BT6219）或 PVD 处理陶瓷表圈（SBG8A12.BT6219）、钢壳钢带配备黑色陶瓷表圈（SBG8A10.BA0646）和 T12 喷砂表壳搭配黑色胶带款式（SBG8A80.BT6221）。其中，泰格豪雅 SBG8A10.BT6219 的公价为 6 800 元人民币。

设计特点

泰格豪雅 SBG8A10.BT6219 智能腕表和普通的智能腕表不同，它的外观更趋向于传统的机械表。无论是 45 毫米的表壳、线条锐利的表耳，还是考究的做工，都是普通智能腕表不能比拟的。该腕表采用超清晰全功能平面 OLED 触摸屏，配备蓝宝石玻璃表镜。为了延长电池续航能力，屏幕会在激活状态和待机状态之间自动切换。

泰格豪雅 SBG8A10.BT6219 表冠特写

泰格豪雅 SBG8A10.BT6219 佩戴效果

泰格豪雅 SBG8A13.EB0238

基本信息	
发布时间	2021 年
表壳材质	精钢
表带材质	皮革、橡胶
表径	45 毫米

泰格豪雅 SBG8A13.EB0238 是瑞士制表商泰格豪雅推出的男士智能腕表，属于 Connected 系列。

背景故事

自 1985 年任天堂在日本推出第一款超级马里奥游戏以来，一代又一代的游戏玩家伴随着超级马里奥成长，全球累计销量高达 3.7 亿款。2021 年 7 月，泰格豪雅和任天堂共同推出超级马里奥联名款智能腕表，编号为泰格豪雅 SBG8A13.EB0238，每枚公价为 1.59 万元人民币。该表兼具奢华风范与运动气息，融入了多项趣味功能，鼓励佩戴者走出家门，携手马里奥进行体育活动，畅享实现进步的快乐与满足感。

设计特点

马里奥一直在运动，如跑步、飞翔、 游泳、打高尔夫球或打网球。他是一个乐观积极的游戏角色，将鼓励泰格豪雅 SBG8A13.EB0238 的佩戴者与他一起享受运动，体验汗流浃背的舒畅快感。佩戴者做的运动越多，表盘呈现的动画就越生动、越活跃。得益于此，这款智能腕表会随用户取得的进步而变化，以趣味十足的方式激励用户全天保持积极的生活方式。

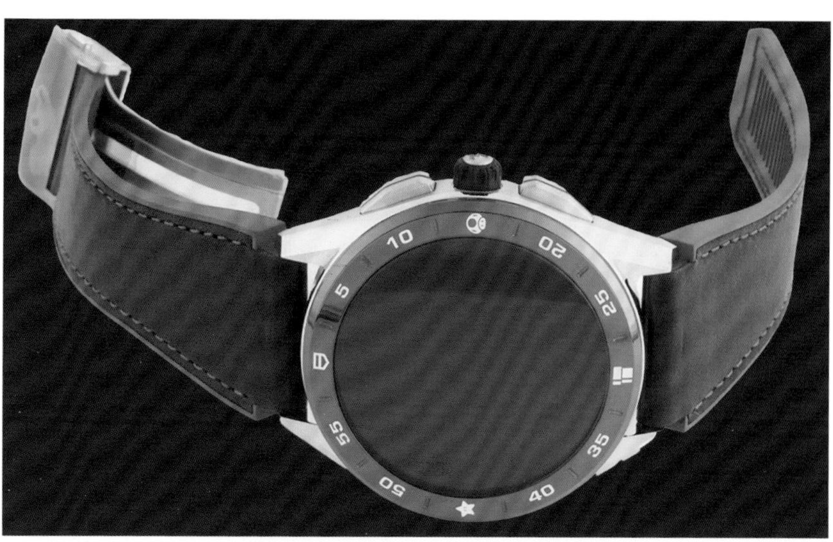

泰格豪雅 SBG8A13.EB0238 正面特写

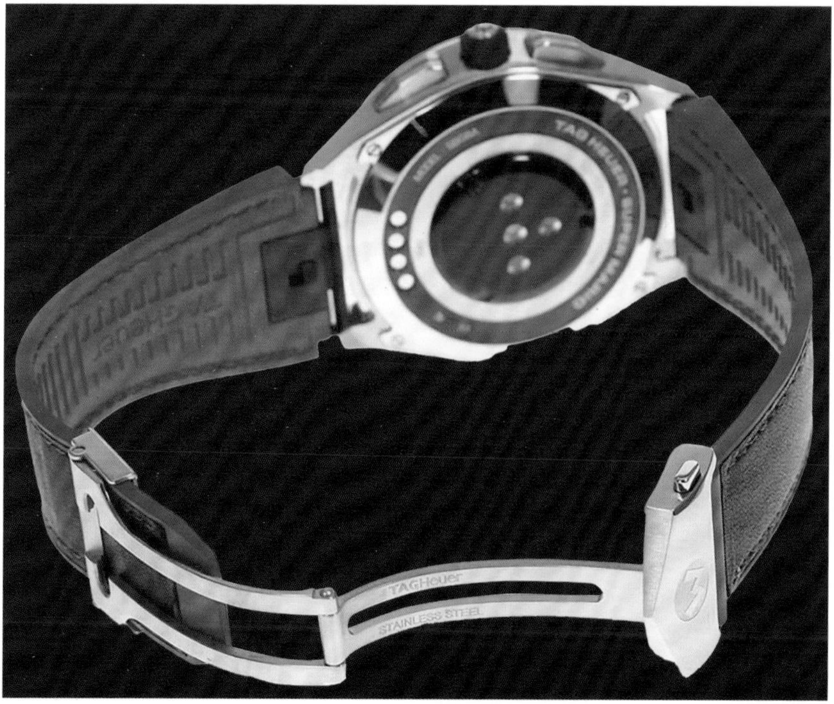

泰格豪雅 SBG8A13.EB0238 背面特写

泰格豪雅 SBG8A83.BT6254

基本信息	
发布时间	2021 年
表壳材质	钛金属
表带材质	橡胶
表径	45 毫米

泰格豪雅 SBG8A83.BT6254 是瑞士制表商泰格豪雅推出的男士智能腕表，属于 Connected 系列。

背景故事

智能腕表一直是酩悦·轩尼诗一路易·威登集团（LVMH）数字化的重要战略，泰格豪雅作为集团数字化的先锋品牌，其 Connected 系列智能腕表已经发展到了第三代。2021 年 9 月，泰格豪雅推出了 Connected 智能腕表耀黑版，编号为泰格豪雅 SBG8A83.BT6254。

设计特点

泰格豪雅 SBG8A83.BT6254 首次采用 2 级钛金属表壳，并利用喷砂工艺与黑色类钻碳（DLC）涂层营造出黑色钛金属的视觉效果。表壳厚度为 13.5 毫米，防水深度为 50 米。陶瓷表圈采用金色刻度和品牌标识。在表冠和按键的细节方面，黑色的主色调加以金色点缀，彰显豪华质感。该腕表可以实现心率监测、指南针、运动记录等功能。

泰格豪雅 Calibre E4 保时捷版

基本信息	
发布时间	2022 年
表壳材质	钛金属
表带材质	皮革、橡胶
表径	45 毫米

泰格豪雅Calibre E4保时捷版是瑞士制表商泰格豪雅推出的智能腕表，属于 Connected 系列。

背景故事

2022 年 8 月，泰格豪雅发布了一款全新 Calibre E4 智能腕表，特别之处在于这块腕表是保时捷版，仅供保时捷车主购买，与保时捷车载系统兼容使用。这是自 2021 年年初官宣合作伙伴关系以来，泰格豪雅与保时捷共同合作推出的第二个系列作品。2021 年，泰格豪雅和保时捷合作推出了三枚卡莱拉系列保时捷特别版，宣告泰格豪雅与保时捷品牌合作的正式开始。在欧洲，泰格豪雅 calibre E4 保时捷版的公价为 2 300 英镑（约合 1.88 万元人民币）。

设计特点

泰格豪雅 Calibre E4 保时捷版在设计上多处向保时捷豪华电动车 Taycan 致敬，例如，蓝色的表冠、按钮和表带，与 Taycan 车型使用的醒目蓝色一致，而抛光黑色陶瓷表圈又以保时捷的 0—400 测速刻度作为设计灵感。如果购买该表的保时捷车主拥有的是电动或混合动力保时捷车型，车主通过腕表可以查看车辆的电池电量和剩余里程数。这是常规款 Calibre E4 智能腕表操作系统没有的功能。

万宝龙 129124

基本信息	
发布时间	2021 年
表壳材质	精钢
表带材质	小牛皮
表径	43.5 毫米

万宝龙 129124 是德国奢侈品制表商万宝龙推出的智能腕表，属于 Summit 2+ 系列。

背景故事

万宝龙 129124 的创作灵感源自法国作家儒勒·凡尔纳的著名探险小说《八十天环游地球》。该小说讲述的是主人公菲利亚斯·福格同牌友打赌，从伦敦出发，用 80 天的时间环游地球一周的故事。2021 年 6 月，为致敬菲利亚斯·福格的开拓精神，万宝龙推出了全新的大班系列《八十天环游地球》特别款书写工具，并同步推出了智能腕表、配饰以及精品文具。其中，智能腕表编号为万宝龙 129124，每枚公价为 1.07 万元人民币。

设计特点

万宝龙 129124 利落的外观造型、沉稳优雅的配色，彰显品牌年轻化的主张。时尚的男女同款设计，诠释都市格调之余亦不失实用功能。该腕表采用精钢表壳搭配黑色分钟刻度、旋转表冠及 3 个按钮。表背材质为玻璃和玻璃纤维，镌刻图案，具有心率监测器及充电功能。蓝色表带饰有波浪图案，表达了对《八十天环游地球》小说第一部分中的主人公穿越海洋的敬意。

万宝龙 129270/129271/129272

万宝龙 129270/129271/129272 是德国奢侈品制表商万宝龙推出的智能腕表，属于 Summit 3 系列。

背景故事

基本信息	
发布时间	2022 年
表壳材质	钛金属
表带材质	小牛皮 / 橡胶
表径	42 毫米

2022 年 11 月，万宝龙发布全新智能腕表系列 summit 3，充分展现品牌奢华商务生活方式的理念。该系列以经典高级制表工艺融合现代智能腕表技术，定义全新智能穿戴设备。Summit 3 系列智能腕表首发推出玄岩黑（万宝龙 129270）、太空灰（万宝龙 129271）、双色（万宝龙 129272）三种配色，公价均为 1.06 万元人民币。

设计特点

Summit 3 系列采用手工打造的钛金属表壳，轻盈的钛金属材质增加了佩戴时的舒适感，更显精致时尚。万宝龙以品牌匠心传承的制表工艺为灵感，在 Summit 3 系列上呈现多款万宝龙经典机械腕表表盘可供佩戴者选择及替换。此外，Summit 3 系列还有专为运动健身而设计的表盘界面，可为用户提供即时且实用的健康建议。Summit 3 系列均配备两款不同材质的表带，一款为典雅精致的小牛皮表带，另一款是动感活力的橡胶表带。

宇舶 400.NX.1100.RX

基本信息	
发布时间	2018 年
表壳材质	钛金属
表带材质	橡胶
表径	49 毫米

宇舶 400.NX.1100.RX 是瑞士制表商宇舶推出的男士智能腕表，属于 Big Bang 系列。

背景故事

2006 年，宇舶成为首个与足球运动携手合作的奢华制表品牌。宇舶表首次为国际足联世界杯提供计时服务是在 2010 年的南非世界杯，并在随后的 2014 年和 2018 年分别担任巴西世界杯和俄罗斯世界杯的官方计时。宇舶 400.NX.1100.RX 是宇舶在 2018 年俄罗斯世界杯期间推出的智能腕表，也是品牌首款智能腕表，限量发行 2 018 枚，每枚公价为 3.79 万元人民币。

设计特点

宇舶 400.NX.1100.RX 采用 Android 系统，表盘能够显示赛事的数据，如比分、红黄牌数量、进球球员姓名、球员替换情况以及比赛已进行时间等。同时，还支持数千种可下载应用。这款智能腕表可配适于 Android 4.3 及以上或 iOS 10.5.9 及以上版本系统的手机，使用接触式充电系统。值得一提的是，俄罗斯世界杯裁判员也使用了同款腕表，裁判腕表除拥有对外发售的限量腕表的所有功能以外，还关联门线技术，该技术依托电子视频辅助系统追踪足球的全部轨迹，帮助裁判员判定足球是否完全穿过球门线。

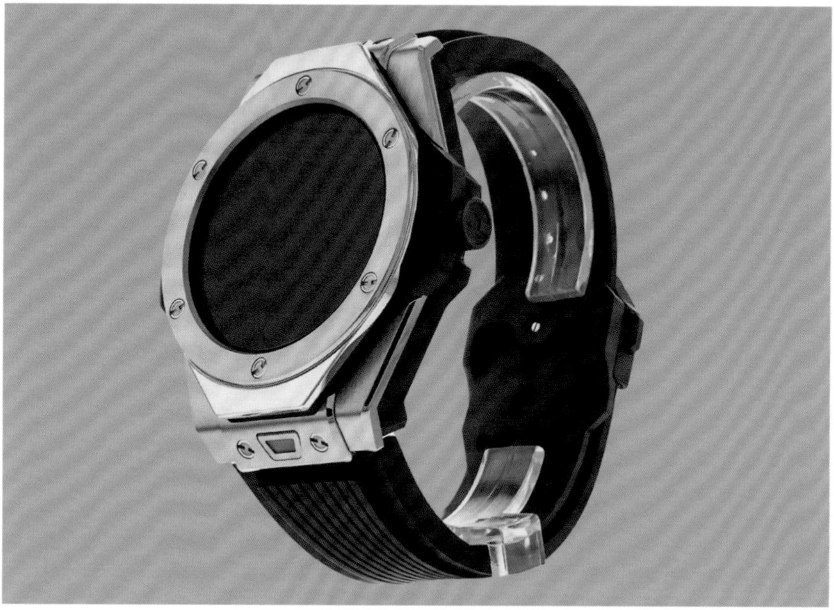

宇舶 400.NX.1100.RX 侧面特写

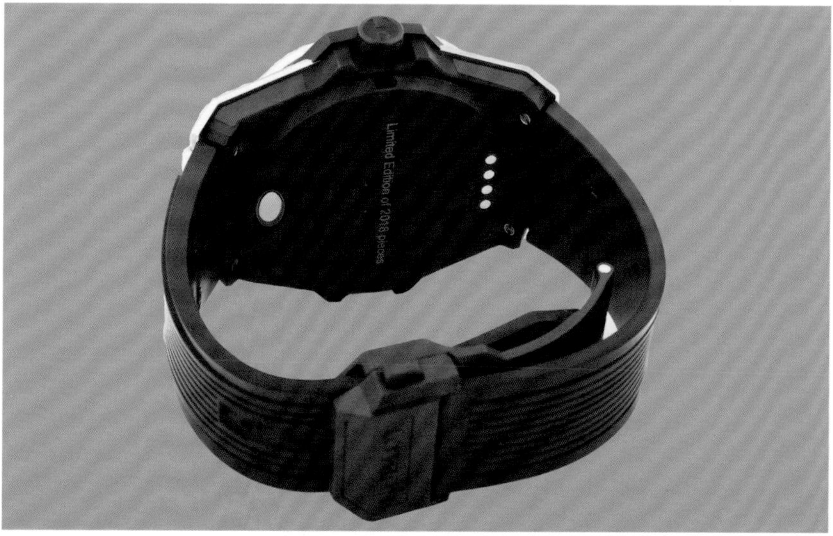

宇舶 400.NX.1100.RX 背面特写

宇舶 Big Bang e

基本信息	
发布时间	2020 年
表壳材质	陶瓷 / 钛金属
表带材质	橡胶
表径	42 毫米

宇舶 Big Bang e 是瑞士制表商宇舶推出的智能腕表，属于 Big Bang 系列。

背景故事

2005 年，宇舶推出了首款 Big Bang 腕表。自此以后，Big Bang 腕表在 21 世纪持续彰显瑞士制表精髓。2018 年，宇舶于国际足联俄罗斯世界杯之际推出了首款智能腕表——Big Bang 俄罗斯世界杯腕表。这款功能强大的智能腕表搭载了先进的可穿戴科技，不仅帮助绿茵场上的裁判执法比赛，也为球迷提供了在虚拟球场中与比赛进程保持同步的体验。2020 年，宇舶再次进入智能腕表领域，推出一款延续 Big Bang 系列所有标志性设计元素并搭载前沿科技的全新智能腕表——Big Bang e。

设计特点

宇舶 Big Bang e 融合精湛工艺与先进科技，充分延续宇舶的制表传统。其表壳由钛金属或陶瓷材质制成。防刮蓝宝石镜面保护着表圈上的金属镀层数字时标，其镜面上方则覆以 AMOLED 高清触摸屏。正如 Big Bang 系列机械腕表一样，佩戴者可通过集成了按钮作用的旋转表冠，开启对智能腕表电子模块的控制。

宇舶 Big Bang e 正面特写

宇舶 Big Bang e 佩戴效果

宇舶 440.CI.1100.RX.EUR20

基本信息	
发布时间	2021 年
表壳材质	陶瓷
表带材质	橡胶
表径	42 毫米

宇舶 440.CI.1100.RX.EUR20 是瑞士制表商宇舶推出的男士智能腕表，属于 Big Bang 系列。

背景故事

2021 年 6 月，“2020 年欧洲杯”因新冠疫情推迟一年后，于全球 11 个不同国家的 11 座城市举办，这在该项赛事的历史上尚属首次。为庆祝品牌与“2020 年欧洲杯”的友好合作，宇舶发布了一系列新品，其中就包括这款编号为宇舶 440.CI.1100.RX.EUR20 的 2020 年欧洲杯智能腕表。该表限量发行 1000 枚，每枚公价为 4.26 万元人民币。

设计特点

宇舶 440.CI.1100.RX.EUR20 的表圈采用了原计划的 12 个主办国的国旗颜色配色。而在美学设计方面，则具备了品牌标志性的 Big Bang 系列腕表的众多经典元素。为实现更佳的人体工程学设计，腕表配备 42 毫米黑色魔力表壳，这一令人赞叹的抛光黑色陶瓷材质由宇舶技术人员潜心研发而成，防水深度达 30 米。得益于蓝宝石镜面的应用，AMOLED 高清触摸屏可提供宛如机械腕表的轻松操作体验。另外，通过旋转表冠上的按钮，还可启动腕表的多项功能。

第6章 怀 表

怀表是指一种没有表带，随身携带的钟表。传统的怀表为指针式，用一条表链系在衣服口袋里，使用的时候掏出来。怀表也可以固定在衣领、腰带等处，或者不系表链。怀表是钟表收藏家的收藏对象之一，因为它们往往具有一定的历史价值和文化价值，以及卓越的制表工艺。

百达翡丽亨利·格雷夫斯超级复杂怀表

基本信息	
发布时间	1933 年
表壳材质	黄金
表壳厚度	36 毫米
表径	74 毫米

百达翡丽亨利·格雷夫斯超级复杂怀表（Henry Graves Supercomplication）是瑞士制表商百达翡丽在 20 世纪 30 年代为纽约银行家亨利·格雷夫斯制作的全手工黄金怀表。

背景故事

1925 年，百达翡丽受亨利·格雷夫斯委托制作一枚世界上最复杂的怀表。百达翡丽的制表师花费 3 年时间进行设计，又花费 5 年时间将怀表组装完成，并在表盘上刻下亨利·格雷夫斯的名字，1933 年 1 月完成交货。亨利·格雷夫斯拿到这枚怀表后，一直留在身边，直到他去世之后才由美国时间博物馆负责保管。1999 年，博物馆倒闭，这枚怀表被送到纽约苏富比拍卖会进行首次拍卖，最终以 1100 万美元的价格售出，创下钟表拍卖价格的新纪录。2014 年 11 月，这枚怀表又在苏富比拍卖会上以 2 130 万美元的价格刷新了自己 15 年前创下的纪录。

设计特点

百达翡丽亨利·格雷夫斯超级复杂怀表共有 900 多个零件，重量超过 0.5 千克，预计能够精确走时至 2100 年。这枚非凡的怀表集三问报时、计时、万年历、月相、恒星时、动力储备显示、日出日落时间（纽约）等 24 项复杂功能于一身，每隔 15 分钟都会响起西敏寺钟声作为报时，甚至还有亨利·格雷夫斯在曼哈顿第五大道寓所看到的夜空景致。

百达翡丽亨利·格雷夫斯超级复杂怀表的表盘特写

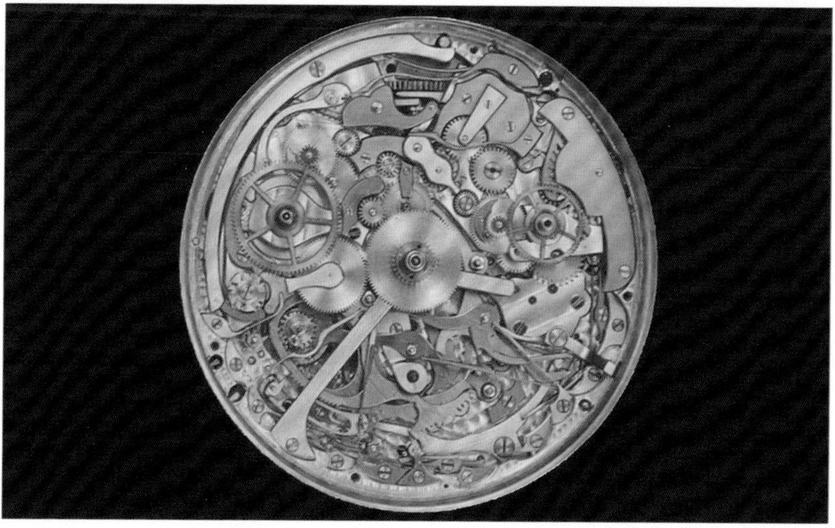

百达翡丽亨利·格雷夫斯超级复杂怀表的机芯特写

百达翡丽 Caliber 89

基本信息	
发布时间	1989 年
表壳材质	黄金 / 玫瑰金 / 白金 / 铂金
表壳厚度	41 毫米
表径	89 毫米

百达翡丽 Caliber 89 是瑞士制表商百达翡丽为庆祝品牌成立 150 周年而特别制作的怀表。

背景故事

1989 年，为庆祝品牌成立 150 周年，百达翡丽设计打造 Caliber 89 怀表，挑战制表工艺的极限。这种怀表仅制作 4 枚，首先完成的是黄金款，而玫瑰金款、白金款和铂金款直到 9 年后才完成。另外，百达翡丽还制作了一个原型机芯，留在博物馆作为收藏品。2015 年，具有 57 项复杂功能的江诗丹顿 57260 问世前，百达翡丽 Caliber 89 一直被称为“世界最复杂怀表”。在 2004 年安帝古伦拍卖会上，百达翡丽 Caliber 89 白金款以 512 万美元的价格售出。

设计特点

百达翡丽 Caliber 89 怀表的重量为 1.1 千克，拥有 33 项令人惊叹的复杂功能，并打破多项纪录，所以这种怀表一诞生就备受关注。就复杂性而言，百达翡丽 Caliber 89 怀表超越了百达翡丽亨利・格雷夫斯超级复杂怀表，它有 1728 个零件，其复杂功能包括万年历、双追针计时、天文显示（包括星图）、日出和日落显示、时间等式显示、月相盈亏显示，以及复活节日期显示等。

百达翡丽 Caliber 89 怀表与常见腕表的尺寸对比

百达翡丽 Caliber 89 怀表上手效果

百达翡丽 983J—001

基本信息	
发布时间	2014 年
表壳材质	黄金
表壳厚度	9.9 毫米
表径	48 毫米

百达翡丽 983J—001 是瑞士制表商百达翡丽推出的男士怀表，具有动力储备显示功能。

背景故事

数十年来，怀表一直是百达翡丽展现珍稀工艺的主要舞台。即使在腕表取代怀表后，后者依然能为珍稀时计鉴赏家们带来欣喜。作为高级制表技艺的守护者，百达翡丽延续了生产少量怀表的传统。它们的艺术美感永远涌动着迷人的魅力。这些配备手动上链机芯的怀表在生产过程中，无论是工艺，还是走时精度，都遵循百达翡丽印记的严格要求。百达翡丽 983J—001 于 2014 年上市，每枚公价为 44.26 万元人民币。

设计特点

百达翡丽 983J—001 的表壳、表冠、表链均为黄金材质，表壳防潮防尘。表镜材质为蓝宝石水晶。该表采用银白色圆形表盘，配备金质立体宝玑字块。百达翡丽 983J—001 采用 Caliber 17″ SAV PS IRM 型手动机械机芯，拥有百达翡丽印记。

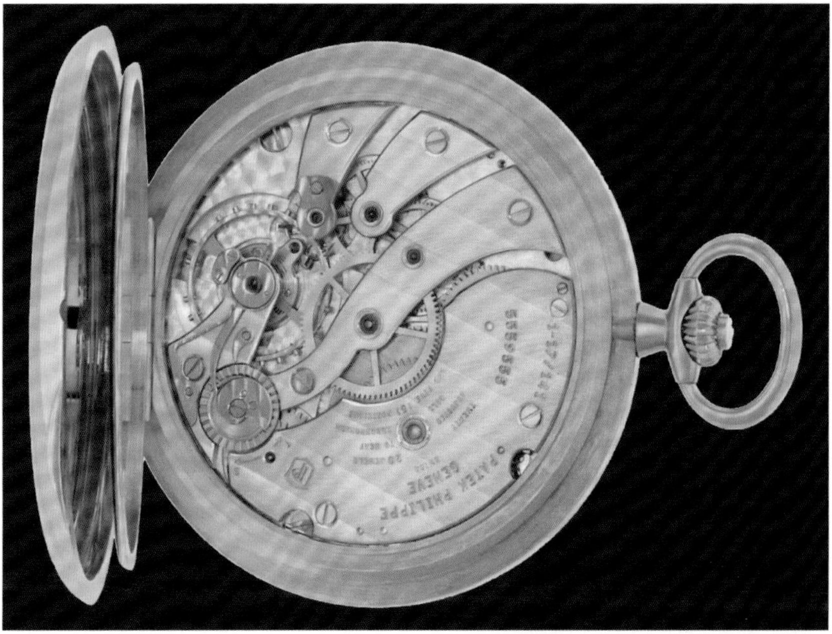

百达翡丽 983J—001 背面特写

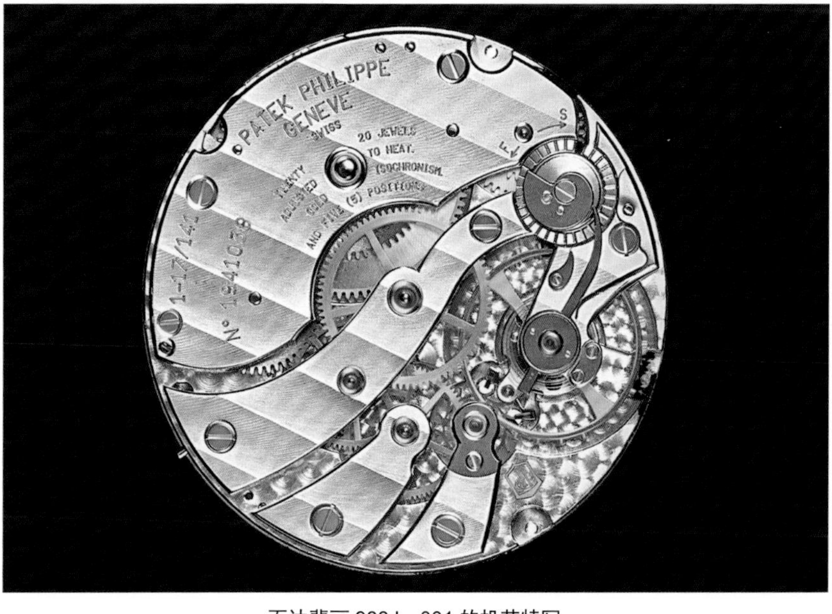

百达翡丽 983J—001 的机芯特写

百达翡丽 982/155

基本信息	
发布时间	2012 年
表壳材质	黄金
表盘材质	珐琅
表径	不详

百达翡丽 982/155 是瑞士制表商百达翡丽于 2012 年推出的百达翡丽上海源邸开幕纪念特别怀表。

背景故事

2005 年，百达翡丽携手其在东南亚地区的长期合作伙伴美最时集团进军中国市场，于上海开设精品店，随后又于 2008 年在北京开设第二家精品店。2012 年 10 月，百达翡丽上海源邸盛大开幕，为了庆贺这一历史性时刻，百达翡丽发布了多款纪念表款，其中便包括百达翡丽 982/155 怀表。该怀表仅制作一枚，极为珍贵。

设计特点

百达翡丽 982/155 是一款装饰性开面怀表，饰有掐丝珐琅和手工雕刻的龙形图案。龙形图案以及作为背景的手工雕刻日辉纹需历经 100 小时精雕细琢方可完成，而打造掐丝珐琅背景耗时亦将近 150 小时。手工雕刻黄金表冠，镶有一颗橙色蓝宝石圆珠（0.37 克拉），并带有一个红色珐琅黄金表环。该表采用 Caliber 1-17 LEP PS IRM 手动上链机芯，配备小三针，具有动力储存显示功能。

百达翡丽 972/1J—010

基本信息	
发布时间	2016 年
表壳材质	黄金
表壳厚度	7.77 毫米
表径	44 毫米

百达翡丽 972/1J—010 是瑞士制表商百达翡丽推出的男士怀表，具有动力储备显示功能。

背景故事

百达翡丽 972/1J—010 于 2016 年上市，采用传统百达翡丽手动上链机芯。百达翡丽的制表师通过一系列精心的装饰和细致的美化工序，丰富其功能与美感，以便其长久保持美观，并且走时精准。该怀表每枚公价为 34.58 万元人民币。

设计特点

百达翡丽 972/1J—010 是一款手动机械怀表，走时不受佩戴时间和运动量的限制，十分便利。其黄金表壳奢华大气，且具有防潮、防尘的功能，时刻保护怀表。白色漆面表盘，12 点和 6 点位置分别设有动力储存显示和小秒针表盘。该怀表采用 Caliber 17″ LEP PS IRM 型手动机械机芯，机芯厚度为 3.8 毫米，共有 159 个零件，装有 20 颗宝石。振频为每小时 18 000 次，动力储备为 36 小时。机芯不再使用日内瓦印记，而是独具特色的百达翡丽印记，是品质的体现。

宝玑 No.5

基本信息	
发布时间	1794 年
表壳材质	黄金
表盘材质	白银
表径	54 毫米

宝玑 No.5 是瑞士制表商宝玑于 18 世纪末制作的怀表，并于 21 世纪推出了复刻版。

背景故事

宝玑 No.5 是宝玑创始人亚伯拉罕－路易・宝玑专为法国圣米亚特伯爵制作，于 1787 年开始设计，直至 1794 年 3 月才制作完成，当时售价为 3 600 瑞士法郎。这枚怀表最近一次公开亮相是在 2001 年 4 月纽约安帝古伦拍卖会上，以 115 万瑞士法郎的价格成交，购买者为斯沃琪集团主席尼古拉斯・海耶克。之后，海耶克决定以宝玑 No.5 为蓝本复刻 5 枚怀表，前 4 枚均以 1500 万元人民币的价格售出，最后 1 枚留在宝玑瑞士总部。

设计特点

在亚伯拉罕－路易・宝玑开始设计宝玑 No.5 时，曾计划使用“大明火”珐琅表盘。但在他逃亡瑞士的 4 年里，他接触到了一些同样逃亡瑞士的珠宝匠，从而接触到了珠宝设计中常在贵金属面（非宝石镶嵌面）使用的玑镂刻花工艺。而亚伯拉罕－路易・宝玑见到了这种工艺以后，随他一起逃亡瑞士的宝玑 No.5 就变成了他的实验品。宝玑 No.5 因此成为世界上第一款采用玑镂刻花表盘工艺的钟表作品。而这种工艺，后来也成为宝玑腕表的标准配置之一。

宝玑 No.5 正面特写

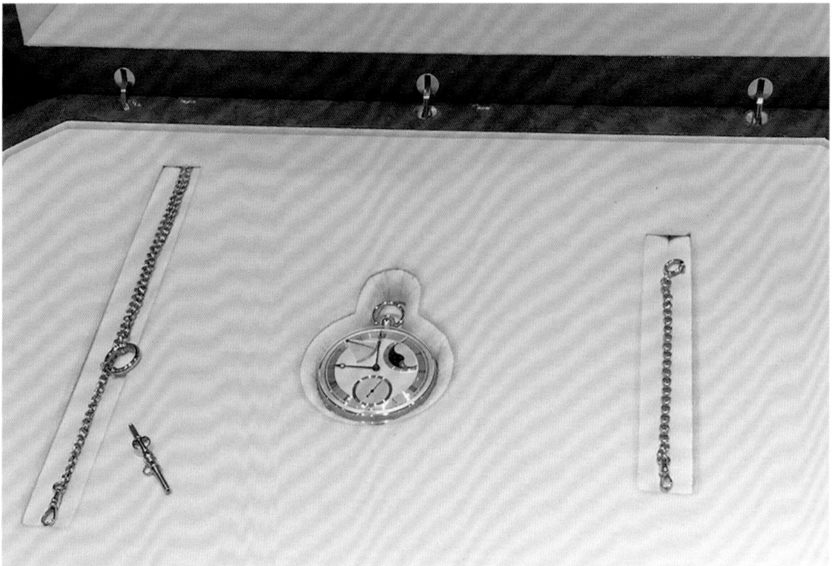

宝玑 No.5 怀表及其表链

宝玑 No.2667

基本信息	
发布时间	1814 年
表壳材质	黄金
表盘材质	白银
表径	不详

宝玑 No.2667 是瑞士制表商宝玑于 19 世纪初制作的怀表。

背景故事

宝玑 No.2667 是由宝玑创始人亚伯拉罕－路易·宝玑于 1814 年亲手制作的怀表。他认为，两个独立振荡的擒纵装置在极其靠近的空间中会相互影响。为证实这一理论，他以精密计时器的规范制作了宝玑 No.2667 怀表。这枚怀表可以说是 19 世纪初瑞士钟表业精密计时器制作的典范。在 2012 年 5 月的佳士得于日内瓦举办的拍卖会上，宝玑博物馆以逾 400 万瑞士法郎的价格将其购回，创造了迄今为止宝玑古董表拍卖价格的最高纪录。

设计特点

宝玑 No.2667 是一枚罕见的 18K 黄金怀表，应用谐振原理制作而成，表壳超薄，造型精致优美。这枚怀表带有两个独立的表盘，一个采用阿拉伯数字时标，另一个采用罗马数字刻度。这枚异乎寻常的怀表，反映了宝玑对精致的美学理念和天才的创新能力的不懈追求。

宝玑玛丽·安托瓦内特

基本信息	
发布时间	1827 年
表壳材质	黄金
表盘材质	珐琅、水晶
表径	63 毫米

宝玑玛丽·安托瓦内特（Marie Antoinette）是瑞士制表商宝玑于 19 世纪制作的怀表，编号为 No.160。

背景故事

1783 年，自立门户不到 10 年的亚伯拉罕－路易·宝玑已经成为一名声誉卓著的制表师。当时，他接到一项不同寻常的任务——以最珍贵的材料制作一枚整合所有复杂功能的怀表，不计时间与成本。据悉，这项要求是法国王后玛丽·安托瓦内特的一名警卫官提出的。虽然玛丽·安托瓦内特于 1793 年被处决，但是亚伯拉罕－路易·宝玑并没有停止这项工作。他为这枚怀表倾注了大量心血，可直到 1823 年 10 月去世也未能完成，后续工作是由他的儿子完成的。如今，这枚怀表估价高达 3 000 万美元。

设计特点

宝玑玛丽·安托瓦内特是当时制表业的巅峰之作，它整合了万年历、时刻分三问报时、时间等式和动力存储显示功能。此外，它还有多项首开先河的设计，包括金属温度计和铂金摆陀等。这枚怀表有两个表盘，一个是传统的珐琅表盘，另一个是可以观察怀表内部机制的水晶表盘。独特的设计、卓越的工艺、复杂的机芯，使其成为独一无二的传奇怀表。

宝玑玛丽·安托瓦内特怀表手动上链

宝玑玛丽·安托瓦内特怀表上手效果

汉密尔顿 H40819110

基本信息	
发布时间	2022 年
表壳材质	精钢
表壳厚度	11.95 毫米
表径	50 毫米

汉密尔顿 H40819110 是美国制表商汉密尔顿推出的男士怀表，属于美国经典系列。

背景故事

2022 年 10 月，汉密尔顿推出了 130 周年铁路特别版怀表，将大规模生产技术和先进微型工程设计巧妙结合，再现品牌历史悠久的铁路计时根源。该怀表编号为汉密尔顿 H40819110，限量发行 917 枚，旨在向汉米尔顿工厂旧址（哥伦比亚大道 917 号）致敬。每枚公价为 10 450 元人民币。

设计特点

汉密尔顿 H40819110 配备 50 毫米精钢表壳和白色珐琅风格表盘，融合品牌复古铁路时计的理念，外圈分钟轨道显示完整刻度，5 分钟分界刻度数字饰以红色。超大号阿拉伯数字时标、黑色涂漆指针、6 点位置设置小秒盘，所有特色均与品牌精确、准时可靠的历史起源相呼应。该怀表搭载 ETA 6497 手动上链机芯，动力储备为 50 小时。另外，该怀表搭配的可拆卸链条和皮革旅行收纳袋，提升了整体设计，与隽永的复古风尚相得益彰。

江诗丹顿 57260

基本信息	
发布时间	2015 年
表壳材质	白金
表壳厚度	50.55 毫米
表径	98 毫米

江诗丹顿 57260 是瑞士制表商江诗丹顿于 2015 年推出的定制怀表。

背景故事

2015 年 9 月 17 日（2015 年第 260 天），江诗丹顿在品牌创立 260 周年之际发布了 57260 怀表。这款怀表一经推出就打破多项纪录。其编号中的“57”是指这款怀表有 57 项复杂功能，“260”则代表江诗丹顿品牌诞生 260 周年。江诗丹顿 57260 的问世为钟表业带来了几项重要的全新复杂功能，为机械钟表技术的发展做出了卓越贡献。

设计特点

江诗丹顿 57260 结合了传统的制表工艺和 21 世纪的先进技术，共有 57 项复杂功能，其中包括多项独一无二的全新功能，如多种日历显示和双逆跳双秒追针计时装置等。该怀表的正反两面均采用银质表盘，内置铝制指示转盘，小巧质轻，动力需求极小。时间表盘采用了规范式指针风格，在独立的指示圈内显示时、分、秒，这一设计灵感来自天文台和实验室内使用的精密校准钟。表圈采用白金打造，经过抛光处理，犹如镜面。

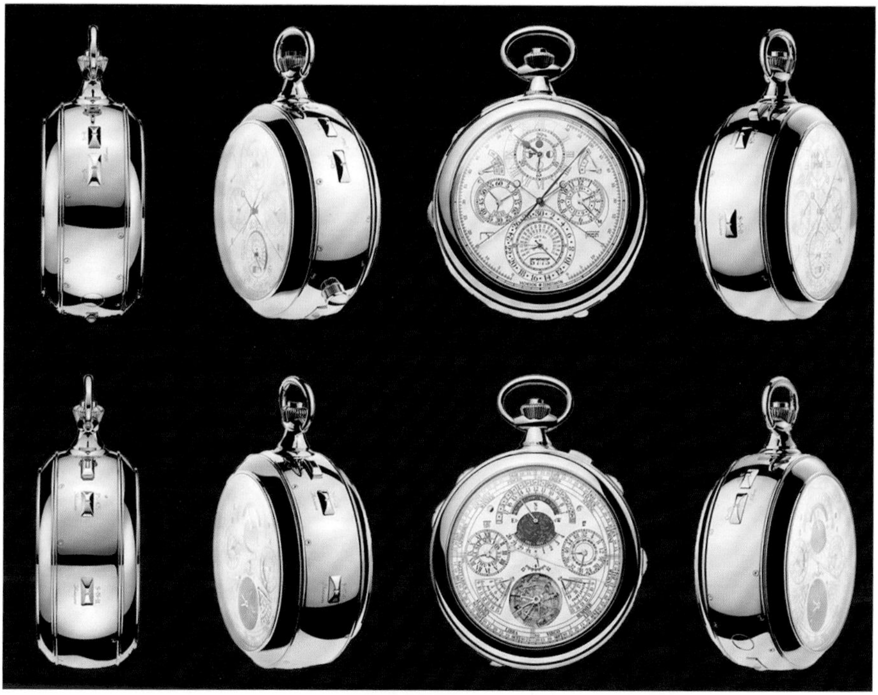

江诗丹顿 57260 怀表多角度鉴赏

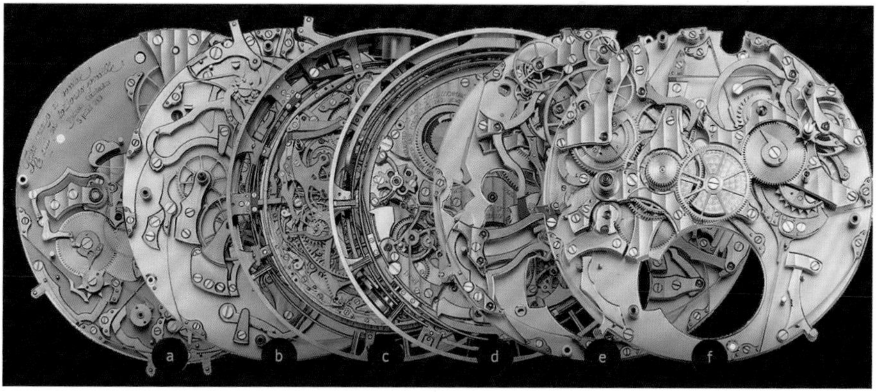

江诗丹顿 57260 怀表的机芯

欧米茄 1882

基本信息	
发布时间	1882 年
表壳材质	黄铜
表壳厚度	35 毫米
表径	35 毫米

欧米茄 1882 是瑞士制表商欧米茄于 19 世纪 80 年代推出的男士怀表。

背景故事

欧米茄早期生产了不少有名的怀表，欧米茄 1882 便是其中一款。该怀表于 1882 年上市，限量发行 2 550 枚。这款怀表具有非凡的品质，诠释出欧米茄追寻“卓越品质”的经营理念和“崇尚传统并勇于创新”的精神风范。欧米茄老怀表作为欧米茄创始之初的产品，对欧米茄来说意义非凡，这种意义也让欧米茄老怀表更具价值。欧米茄 1882 怀表存世数量较少，因此具有较高的收藏价值。

设计特点

欧米茄 1882 是一款球形怀表，正面和背面都是圆球形水晶，调时旋钮上镶嵌了一颗宝石。正面表盘有“OMEGA，Switzerland made 1882”字样，背面机芯有“17ZCQ”字样。透过怀表背面晶莹剔透的水晶，可以看到里面的齿轮运动。

欧米茄 1932

欧米茄 1932 是瑞士制表商欧米茄推出的男士怀表，具有计时功能。

基本信息	
发布时间	2011 年
表壳材质	黄金 / 白金 / 红金
表壳厚度	32 毫米
表径	70 毫米

背景故事

多年前，欧米茄工作人员在瑞士比尔总部的一处隐秘角落中发现了一批未经组装的计时机芯套件。盒里盛载的是当年制作 1932 年洛杉矶奥运计时怀表的机芯零件。经统计，每个配件盒内装有 180 个零件及半成品组件，部分零件状态完好。欧米茄决定进行一项极具挑战性的创举，就是将这批零件重新组装成极有纪念价值的欧米茄 1932 追针计时天文台怀表。该怀表共计 300 枚，黄金款（欧米茄 5109.20.00）、白金款（欧米茄 5110.20.00）及红金款（欧米茄 5108.20.00）各限量发行 100 枚，象征着奥运会中冠军、亚军、季军所获得的金、银、铜奖牌。每枚怀表公价为 88.4 万元人民币。

设计特点

欧米茄 1932 的设计来源于田径比赛的计时码表。表冠是主按钮，启动计时功能。搭载 3889A 型双柱轮追针计时机芯。这枚 24 令（53.7 毫米）机芯由经过修复与改进的零件组成，摆轮振频为每小时 36 000 次，精准度高达 1/10 秒，获得瑞士官方天文台认证。表盘为白色珐琅盘，完美复刻了 1932 年原型怀表的设计。打开表背，即可透过耐磨损蓝宝石，观赏机芯的精妙运转。表背刻有奥运五环标志。每一枚怀表均刻有独自的编号。

帕玛强尼 La Rose Carrée

基本信息	
发布时间	2021 年
表壳材质	白金
表壳厚度	20 毫米
表径	64 毫米

帕玛强尼 La Rose Carrée 是瑞士制表商帕玛强尼推出的男士怀表，属于方形玫瑰怀表系列，具有三问功能。

背景故事

2021 年，帕玛强尼新任首席执行官圭多 • 特伦尼决定启动一项特别的工作，以迎接品牌即将到来的 25 周年纪念。为此，他联合品牌创始人兼制表大师米歇尔 • 帕玛强尼，共同发起并打造一款经典时计的制表项目，旨在集中展现品牌的卓绝工艺、米歇尔 • 帕玛强尼的文化底蕴、圭多 • 特伦尼的前瞻愿景以及相关能工巧匠的杰出技艺。在短短一年的时间里，帕玛强尼 La Rose Carrée 怀表便应运而生，堪称一项壮举。

设计特点

帕玛强尼 La Rose Carrée 搭载一枚由著名制表师路易 - 艾利西 • 皮捷特在 1898—1904 年打造的原装机芯，这枚珍贵的古董机芯提供大自鸣和三问报时功能，帕玛强尼在保留其传世精髓的同时实现了全面修复。机芯与全新设计的表壳通体装饰“方形玫瑰”雕刻图案，表壳的表面还饰以晶莹剔透的“大明火”珐琅，呈现精致繁复的蓝色色调。

万宝龙 114928

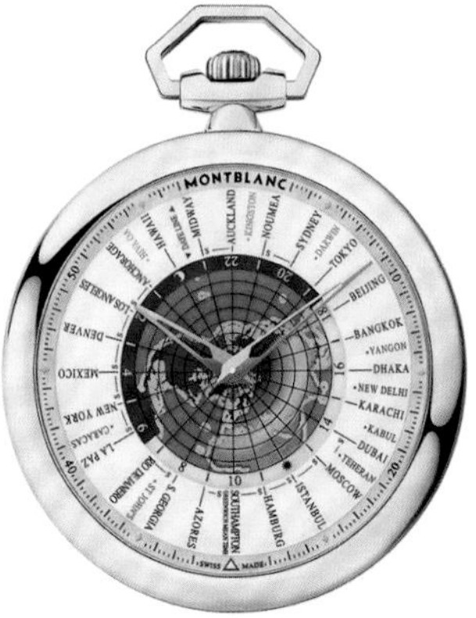

基本信息	
发布时间	2016 年
表壳材质	精钢
表壳厚度	16.8 毫米
表径	53 毫米

万宝龙 114928 是德国奢侈品制造商万宝龙推出的男士怀表，属于 4810 系列，具有世界时、昼夜显示等功能。

背景故事

万宝龙 4810 系列于 2006 年首次亮相，为品牌最畅销之作。2016 年，恰逢品牌诞生 110 周年，万宝龙在第 26 届日内瓦国际高级钟表沙龙上推出了 4810 系列寰宇世界时怀表 110 周年纪念款，编号为万宝龙 114928，限量发行 110 枚。万宝龙 114928 尊崇品牌精湛而悠久的制表传统，呈现卓越、优雅、富有运动活力的设计，以高级复杂功能怀表重新诠释深受欢迎的 4810 系列，为现代旅行者提供值得信赖的精准时计。

设计特点

万宝龙 114928 的多层式结构表盘由蓝宝石水晶玻璃镌刻而成，展现了由北极眺望到的大陆景象。地图四周刻有代表着不同时区的 24 座城市名称，下方的圆盘则显示昼夜的更替变化和 24 时区。该圆盘随着机芯机制而旋转，并随着昼夜变化改变陆地颜色。与同系列腕表相比，这款怀表采用较大的圆盘尺寸描绘地球和城市名称，因而增加了旋转难度。而由万宝龙自主研发的 MB 29.20 机芯则完全能够支撑额外的尺寸和重量，完美演绎全新宽大表盘的美学底蕴。

万国 IW505101

基本信息	
发布时间	2018 年
表壳材质	红金
表壳厚度	14.2 毫米
表径	52 毫米

万国 IW505101 是瑞士制表商万国推出的男士怀表，具有大型数字小时和分钟显示功能。

背景故事

2018 年 1 月 15 日，万国在日内瓦国际高级钟表展上推出搭载跳时数字的怀表，作为周年纪念系列的特有亮点，以此庆祝公司成立 150 周年。该怀表是万国 1890 年具有历史意义的波威柏怀表停产后的首款以数字显示小时和分钟的怀表，也是这家瑞士奢华制表商在 21 世纪的首款全新怀表，限量发行 50 枚。

设计特点

万国 IW505101 配备饰有精美的手工玑镂饰纹的红金表壳、红金表链、白色漆面表盘、白色显示盘和蓝色小秒针。为了向富有历史意义的波威柏表设计致敬，并纪念万国创始人、美籍制表师佛罗伦汀•阿里奥斯托•琼斯，数字显示窗口标注“Hours”（小时）与“Minutes”（分钟）字样。游丝盖上的两个视窗可以显示小时和分钟，因此即便在前盖闭合时，仍能读时。表壳背面还配备了密闭防尘盖。

参考文献

[1]《深度文化》编委会．世界奢侈品鉴赏 (珍藏版)[M]．北京：清华大学出版社，2022.

[2] 世界品牌研究课题组．腕表鉴赏收藏图典 [M]．北京：现代出版社，2017.

[3] 姜子钒．腕表 : 时间与尊贵的永久珍藏 [M]．北京：电子工业出版社，2013.

[4]《名牌志》编辑部．经典名表大图鉴 [M]．西安：陕西师范大学出版社，2011.

[5] 刘兴力．名表手边书——高级手表品鉴参考 [M]．北京：化学工业出版社，2009.